這樣玩，

孩子智商高情商高

U0111336

程玉秋 主編

有句古話說得好，「夫望子成龍，子把父作馬」。每位父母都十分關心孩子的未來，希望自己孩子的明天能一片燦爛光明。不少父母可能在剛剛懷孕時，便開始規劃孩子的將來，從孩子降生到這個世界，就已經開始各種各樣的教育和培養了，真是將「不要讓孩子輸在起跑線上」這句話演繹得淋漓盡致。

在這裏，我不去評價類似這樣家長的做法是對還是錯，只想問一句：這樣拔苗助長似的教育和培養，真能夠確保自己的孩子變得更聰明、更優秀，並因此有光輝的前程嗎？

並非如此，盧梭曾經說過：「教育即生長。」

甚麼意思？

簡而言之，就是說對孩子的教育和培養，是需要遵循孩子不同年齡階段的生理和心理的。換而言之，這就是我們常說的要尊重孩子的天性。

我們要想讓孩子得到更好的成長，變得更聰明、更優秀，就必須遵從孩子的天性。孩子的天性是甚麼呢？愛玩，對新鮮的事物有着強烈的好奇心。可以這麼說，在教育培養孩子時，尤其是3歲之前的孩子，家長更應尊重孩子愛玩的天性，讓孩子在玩中了解自我、了解身

邊的新鮮事物、了解充滿神奇色彩的世界。唯有如此，我們才能保持孩子的好奇心以及探索的興趣，孩子才能在長大後，積極、主動、快樂地去學習更多的知識。

那麼，應該怎麼去玩呢？跟孩子一起遊戲就是最好的選擇。幫助家長在與孩子一起遊戲過程中有效地促進孩子智商、情商的發展，就是編撰本書的主要目的。

本書有以下特點：

1. 針對從剛出生的嬰兒開始，直到上幼兒園的孩子智力成長黃金期，再進行細分，列出每個時間段孩子的生理及心理特點，並提供具有目標性能力與素質培養的親子遊戲，以供父母選擇與孩子一起玩，真正地做到讓孩子在玩中學習，在玩中成長，開發智力，提高情商。

2. 列舉的遊戲，所需要的道具和器材，皆是日常生活中常見的一些物件，如孩子平時玩的玩具、紙箱、紙盒以及空礦泉水樽等。父母在與孩子遊戲的同時，要一起動手去做道具，使得親子關係變得更融洽。

3. 每一個小遊戲都有詳細的步驟說明、注意事項以及所帶來的效果和目的。

因此，這是一本簡單而快樂，讓家長能夠從孩子出生開始，一直可以玩到孩子上幼兒園的益智親子遊戲書。

程玉秋

目錄

第二章　媽媽與 4~6 個月寶寶一起玩的遊戲

第三章　媽媽與 7~9 個月寶寶一起玩的遊戲

第四章 **媽媽與 10~12 個月寶寶一起玩的遊戲**

第五章 **媽媽與 1~1.5 歲寶寶一起玩的遊戲**

第六章　媽媽與 1.5~2 歲寶寶一起玩的遊戲

教育孩子最佳的方式
便是陪孩子一起玩

0~3 歲，是寶寶的敏感期，也是黃金發育期

　　就每一位父母而言，都希望自己的寶寶聰明活潑，學習好、成績好，能擁有一個美好的將來。正因為如此，自寶寶降生之際，他們就開始給寶寶規劃人生，實施或者給寶寶的教育作計劃，希望能通過一條有效的途徑去提高寶寶的智商、情商。其實，要想讓寶寶變得更聰明，智商、情商更高，父母需要把握好寶寶0~3歲這一階段。

　　因為0~3歲這一階段，是寶寶的敏感期，也是黃金發育期。現代科學研究表明，寶寶在出生時，腦重量一般為350~400克，智力是成年人的25%；寶寶的智力到了第6個月則迅速發展為成年人的50%，1歲的時候就達到了成年人的66%左右，而3歲則達成年人的80%左右。這也就是說，寶寶在3歲的時候，智力、體能、個性能已經定型80%左右。

11

父母如果忽略寶寶的早期教育，不予以正確的引導，可能會延誤寶寶大腦生長發育期的開發。寶寶的腦組織結構趨於定型後，再進行開發就會有所限制，即使寶寶有着優異的天賦，也難以獲得良好的發展。

　　美國著名的早期教育專家布魯姆曾做過一個實驗，他對近千名嬰兒進行了長達20年的跟蹤研究，得出了一個結論：如果一個人的智力為100，在8歲時進行開發，只能開發出20%；在4歲時開發卻能達到50%，而更大的潛能開發在3歲以前。

　　蒙特梭利教育法的創始人、意大利教育家蒙特梭利曾經說：「兒童出生後首3年的發展，在其程度和重要性上，超過兒童整個一生中的任何階段……如果從生命的變化、生命的適應性和對外界的征服以及所取得的成就來看，人的功能在0~3歲這一階段實際上比3歲以後直到死亡的各個階段的總和還要長，從這一點上來講，我們可以把這3年看作是人的一生。」

　　由此可見，寶寶的早期教育不可忽視。可以這麼說，寶寶在0~3歲所受的教育會影響他們的一生。在中國流傳的「三歲看大，七歲看老」這句俗語，對此就作出了有力的詮釋。

愛玩是寶寶的天性，也是寶寶心智成熟的過程

「早教」，並不是填鴨式地教給寶寶甚麼，而是在陪伴寶寶的過程中，把握兒童敏感期的反應特點，跟寶寶玩，讓寶寶在玩的過程中，提高相關的能力。

例如，3歲以前是寶寶口頭語言的敏感期。在這段時間內，他們最喜歡媽媽的聲音；對於媽媽聲音的識別也最敏感；在聽懂媽媽的聲音後，會做出動作反應，慢慢地才有語言表達。

此階段，為了培養寶寶的語言能力，最好的方式就是陪寶寶玩，跟寶寶玩遊戲。例如，在給寶寶餵奶的時候，媽媽可以輕輕地拍打或哼唱一些兒歌，即使是發出一些咿咿呀呀的音節，去跟寶寶交流，也能鍛鍊寶寶的語言發育能力。而當寶寶稍微大一些、能簡單地說一些詞語的時候，邊唱兒歌邊做着相應的遊戲，能達到很好地訓練寶寶語言理解及語言表達能力的效果。

事實上，寶寶是在玩的過程中認識這個世界的。愛玩可以說是他們的天性，因為這個世界上有太多的東西對他們來說是神奇的、陌生的，他們想要了解它們。寶寶在玩的過程中，才能感知、認識到不同事物的軟硬、大小、涼熱、顏色、方圓、光滑與粗糙等各種特性，熟悉環境中各事物的性能、功用等屬性，從而達到認識世界和適應環境的目的。而這一過程，恰恰是他們心智成長的過程，也是他們智力或者情商得以開發的過程。

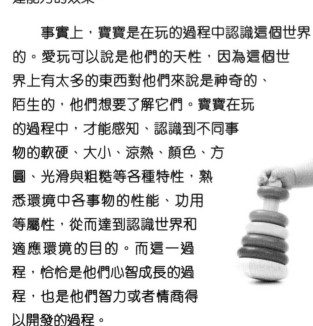

遊戲，是激發寶寶潛能的最佳方式

德國教育家、「幼兒園之父」福祿貝爾曾說過：「兒童早期的各種遊戲，是一切未來生活的胚芽。」

在他看來，遊戲也是學前教育的一個主要內容，是兒童認識世界的最自然最合理的途徑。為此，他專門設計了一系列的遊戲，通過六個不同顏色的小球和立方體、球體、圓柱體的玩具，讓兒童藉此認識事物的顏色、形狀及其關係。

眾多的教育專家認為：陪同寶寶玩遊戲是開發寶寶智力、提升寶寶情商的最有效的途徑。在實際的生活中，越來越多的父母也已經意識到了這一點。因為：

1. 在遊戲的過程中，媽媽與寶寶的互動，如輕撫及輕聲的語言交流等，能讓寶寶感受到媽媽對他的關愛，是一種愛的教育，可以促進寶寶智力及情商的發展。

2. 遊戲中歡樂愉快的氛圍，給寶寶創造了良好的生長環境，也為寶寶智力和情商的發展提供了快樂的環境因素。

3. 在遊戲的過程中，寶寶是用自己的感知去體驗和認識這個世界的，玩遊戲能培養、開發寶寶的創新精神及思考能力等。例如，在一些遊戲中，寶寶要及時作出某種反應判斷，並且做出相應的動作，這有利於培養寶寶的思考及快速反應判斷能力。

4. 在遊戲的過程中，有趣的體驗能引起寶寶的好奇心，激發寶寶的求知慾望，而強烈的興趣及求知慾則是寶寶打開智慧大門的金鑰匙。

5. 帶有一定目的和針對性的遊戲，在媽媽的引導下，可以激發寶寶在成長過程中某些能力的提升，讓寶寶的智商和情商得到平衡發展。

遊戲，要符合寶寶不同時期的生理發育特點

「一把鑰匙開一把鎖」，就如同這句話所說，雖說遊戲對寶寶智商、情商的發展有着諸多的好處，但媽媽只有根據寶寶不同時期的生理、心理發育特點，才能真正地達到事半功倍的效果。

例如，寶寶在10個月的時候，才學會扶住站立，此時選擇在戶外快步走、奔跑之類的遊戲，就極其不適宜了，不但不利於鍛鍊寶寶的腿部力量，促進腦細胞的生長發育，反而還會給寶寶的正常生長發育帶來隱患。在這個時候，適合寶寶的是扶着物體緩慢站起、站立、扶走的遊戲。

又如，一般來說，寶寶在2歲左右才能說一些簡單的話，而媽媽在這之前，就讓他背誦一些唐詩宋詞，雖說出發點是好的，但是寶寶連話都講不清楚，能做到嗎？

像這樣，不僅難以培養寶寶的語言表達能力，寶寶還可能因為不會背，變得情緒不穩定；嚴重的話，還可能會影響到寶寶的自信心。

注重遊戲道具和場地的選擇

除了遊戲要符合寶寶不同時期的生理發育特點外，還要正確選擇遊戲的道具和場地。

遊戲道具的選擇

符合寶寶
不同時期
生長發育的特點

如在3個月之前的寶寶，聽覺和視覺開始集中。此時，最適宜他們的就是色彩較為鮮艷的玩具，如大彩球、搖鈴、紅旗等。當寶寶4~6個月的時候，視線能追視活動的玩具和走動的人，對聲音有定向反應，手的動作由沒有目標和方向伸出揮動到學會抓握懸掛的玩具，兩手擺弄玩具，翻身取玩具。此時，選擇的玩具，不僅要色彩鮮艷、有聲響，還要便於嬰兒學習抓握且無毒、不易咬壞，如帶手柄的響鈴、無毒的橡塑玩具、布製玩具等。

這是媽媽在跟寶寶遊戲時，必須要考慮的問題；因為寶寶探索世界的方式和成人不同，除了去玩去看去聽，還會去聞一聞，甚至把玩具放到嘴裏咬，使勁敲打。所以，在選擇遊戲道具的時候，媽媽一定要考慮到是否存在安全隱患，對於一些顏料容易剝脫、邊角鋒利或有毛刺的，就不應當予以考慮。

安全可靠
避免傷害到寶寶

充滿趣味
可以與寶寶
一起動手去做

這也是在選擇遊戲道具時，較為重要的一點。不管做甚麼遊戲，首先要讓孩子感興趣。

遊戲場地的選擇

媽媽與0~3歲寶寶之間的親子遊戲，在選擇遊戲場地的時候，應該考慮到以下兩點：

寶寶生長發育時的特點

場地的安全

對相對小的寶寶來說，多選擇室內，稍長大一點後，再逐漸多一點戶外遊戲。

在室內，如果是大動作遊戲，空間要相應的寬敞一些，旁邊不要有棱角的傢具或者可能給孩子帶來危險的物件。而在室外，無論是玩哪種遊戲，其場地都要平坦、寬敞，另外要注意往來的人群與車輛。

熟悉遊戲引導的藝術

在遊戲的過程中，媽媽的引導起着關鍵性的作用。因為，只有媽媽善於引導，寶寶才會對遊戲感興趣，才能體會到遊戲的快樂，在遊戲中感知和認識世界，鍛鍊自己的能力，從而促進思維的發展，提高智商與情商。

那麼，作為媽媽應該怎樣去引導呢？

要將自己變成孩子，擁有一顆童心

那些讓寶寶感興趣，並且樂此不疲的遊戲，在成年人看來往往是索然無味的，甚至可能有些無聊。在這裏，要提醒媽媽們的是，千萬不要有這種想法。人的行為在很多時候會受到意識的支配。你覺得寶寶玩的遊戲無趣，一些不良的情緒就可能會表現出來。雖說寶寶幼小，但是他們的感知是十分敏銳的，能感受到你的這種情緒，而在這種情緒的影響下，他們又怎麼能真正地體會到遊戲的樂趣，會將遊戲繼續下去呢？

尚若，媽媽能多一份童心，少一些成人的思維，讓自己變得跟孩子一樣，一起去玩，一起笑，那麼給予寶寶的感覺是截然不同的。他們不但會喜歡跟媽媽一起玩遊戲，對於媽媽的信任、信賴感也會變得更強。

做好示範和引導

可以讓孩子自己先探索，孩子拿到玩具時先給他一個研究的過程，通過自己把弄，結合他的生活經驗，會自創出玩具的玩法。孩子天生就是一個遊戲家。此時，家長需細心觀察，再結合自己的思路，給孩子示範和引導。

示範，就是先給孩子做一遍，讓寶寶對所做的遊戲感興趣；引導，則是讓遊戲朝着媽媽想要的目的進行。

教育孩子最佳的方式便是陪孩子一起玩

在示範的時候，為了吸引寶寶的注意力，讓寶寶對所做的遊戲產生興趣。媽媽應當做得好玩、有趣一些，如做鬼臉，故意做一些看起來很誇張的動作，另外還可以借助聲音，如兒歌、音樂等。

在引導的過程中，要鼓勵寶寶獨立去做，可以採用一問一答的方式，刺激寶寶的思維，讓寶寶去感受、認知。例如，本書中的「看圖說畫」這一遊戲，是為了開發和訓練寶寶觀察力、分辨力及語言組織能力的，其玩法就是媽媽在遊戲中通過提問引導，讓寶寶把圖片中的內容說出來。可以這麼說，同樣的遊戲，做不做引導，或者如何去引導，其所達到的目的也是不一樣的。如果只是單純地讓寶寶去看圖，而不用問題來引導的話，寶寶是很難掌握到更為豐富的語言詞彙、強化語言表達能力的。

鼓勵寶寶獨立遊戲，少批評、多鼓勵

在和寶寶玩遊戲時，雖說需要互動，需要媽媽示範、引導，但是當寶寶對所做的遊戲感興趣，玩得高興時，媽媽就應該讓寶寶在遊戲中佔據主導地位，即讓寶寶自主遊戲。唯有如此，寶寶才能對遊戲有着深切的感受，達到遊戲的真正目的。

另外，寶寶在遊戲中出現錯誤及總是做不好時，媽媽也不應批評指責他，而是應當安撫、鼓勵；正確引導，在表現不錯時，予以肯定，給予誇獎、稱讚。這樣，寶寶才能更有信心、興趣將遊戲進行下去。像這樣，不僅僅能激發寶寶的潛能，還有利於優秀品格的培養。

第一章

媽媽與0~3個月寶寶
一起玩的遊戲

0~3個月寶寶
生長發育特點

1個月寶寶

動作能力	脖子短，頸部力量較弱，還不能完全支撐頭部力量；手臂、腿總是呈屈曲狀態；兩隻小手握拳，肚子呈圓鼓形狀。有較完善的覓食、吸吮、吞咽、握持等非條件反射。
感知能力	視覺功能較弱，只能看清距離自己25厘米左右的物體；出生後3~7天，聽覺逐漸增強，聽見響聲可引起眨眼等動作；嗅覺很靈敏，聞着母乳的香味會尋找乳頭；能夠對不同的味道做出不同的反應；觸覺也很敏感。
語言能力	離開母腹的第一聲啼哭，即是第一次發音，並表明發音器官已經為語音的發生做好了最基本的準備。滿月時，有的寶寶可以發出「i」、「o」等元音。
社交能力	受到驚嚇時，會拱背和腿，並伸出手臂。喜歡看人臉、嘴巴，愛與人交流「咿咿呀呀」，很認真地對話。

2 個月寶寶

動作能力

兩手不再為握拳狀，而是時常張開；直立抱起時，頭可以直立一會兒，趴着時，頭能從一側轉向另一側，面部與床頭可達到 45 度，並維持幾秒鐘。

寶寶的許多運動仍然是反射性的，不過很多寶寶已經開始嘗試着抬起頭並四處張望；雖然踢腿動作大多是反射引起的，但是力量在不斷增加；手指還不會分開，喜歡把小拳頭放在嘴邊吸吮。

寶寶看到父母的臉時會表現出愉快、興奮的神情，能夠用手舞足蹈、笑來表達自己的快樂。

認知能力

寶寶的視力有所發展，喜歡注視顏色鮮艷的物體；對媽媽的聲音很熟悉了，可以辨認出媽媽聲音，對熟悉的音樂也有表情反應；能辨別不同的味道，對難吃的食物表現出明確的厭惡。

語言能力

寶寶已有說話的意願，媽媽和寶寶說話時，寶寶的嘴巴會微微翹起、伸向前；逗寶寶時，寶寶會笑，還會發出「啊」、「呀」的聲音。

3 個月寶寶

動作能力

寶寶的握持反射逐漸消失，開始出現無意識的抓握，雙手握在一起放在胸前玩；頭可轉動 180 度，趴臥時手臂支撐胸部，可抬離床面。寶寶的頭可以抬高，開始依靠上身和手臂的力量翻身，但需要媽媽的幫助才能全身翻過去；開始學着吸吮手指。

感知能力

寶寶的眼睛更加協調，視線能夠轉移了，喜歡看移動的物體，比如跑來跑去的小貓、滑動的小汽車；已經認識媽媽了，看到媽媽朝自己走來會顯得急於親近；會認真地聽講話聲或者特別的聲響。

語言能力

語言能力進一步發展，寶寶高興時會發出「哦」、「啊」、「呀」的聲音，越快樂的時候發出的音就越多；如發起脾氣來，哭聲也會比平常大得多。

社交能力

寶寶會對親人微笑，用微笑與媽媽交流，同時還會用咔咔笑引起媽媽的注意；用手舞足蹈來表示自己的快樂。寶寶會聽聲辨方向，可以識別奶瓶，看到成人拿奶瓶就知道要給自己喝水或喝奶，會等待或表現興奮。

小眼睛追紅球

遊戲道具	提線小紅花或紅球一個	遊戲時間	寶寶睡醒，情緒較為安靜時	遊戲場地	室內，床上或墊子上

遊戲步驟

1 在寶寶醒來後，讓寶寶平躺在床上或墊子上。

2 媽媽手提小紅花或紅球，讓寶寶看到，並引起注視。

3 在離寶寶眼睛25~30厘米處，沿水平方向移動小紅球或小紅花，慢慢地從一邊移到另一邊，引孩子的眼和頭部追隨小球移動。

4 遊戲結束時，親吻寶寶，並且給寶寶一個溫暖的擁抱。

對寶寶的益處

觀察力是智力的一種表現形式，媽媽跟寶寶玩這個遊戲的目的是，讓寶寶把視線固定在某一固定物體上；通過眼睛追小球的遊戲來訓練寶寶視覺追蹤能力，促進寶寶注意力和觀察力的發展。

遊戲結束時，媽媽對寶寶的親吻以及擁抱，傳遞出的是媽媽對寶寶無私的愛。而這一舉動有利於提高寶寶的情商與智商。

注意事項

● 避免寶寶視覺疲勞。

● 遊戲時間不宜過長。

● 注意觀察寶寶的面部表情，當寶寶出現情緒不穩定時，應立即停止遊戲。

貓咪去哪裏了

聽力、視覺
集中能力的訓練

遊戲道具	玩具小貓或其他的玩具	遊戲時間	寶寶睡醒，情緒較為安靜時	遊戲場地	室內，床上或墊子上

✿ 遊戲步驟

1 在寶寶醒來後，讓寶寶平躺在床上或墊子上。

2 媽媽手拿着玩具小貓，在寶寶眼前邊晃動邊說：「喵喵，小貓來了。」

3 媽媽把玩具小貓收在身後或其他的地方，然後晃動空着的雙手，說：「寶寶，喵喵去哪裏了？」

4 在寶寶扭頭尋找時，將玩具小貓拿出，在寶寶眼前輕輕晃動，說：「喵喵，寶寶，小貓咪在這裏。」

◎ 對寶寶的益處

在跟寶寶玩這一遊戲時，聲音以及玩具小貓的移動，能鍛鍊寶寶的聽覺及視覺集中能力。

另外，在遊戲的過程中，媽媽還可以用手輕輕地觸撫寶寶，引寶寶發笑。

注意
事項

動作應儘量的遲緩，尤其是在將玩具小貓拿出來的時候，不要太突然。

● 控制好遊戲時間，時間不要太長。

● 當寶寶出現厭卷的神情時，應立即停止遊戲。

媽媽與0～3個月寶寶一起玩的遊戲

黑白映畫

遊戲道具	黑白相間的條紋或方塊圖案	遊戲時間	白天，寶寶睡醒後，精神及心情較好時	遊戲場地	室內

 遊戲步驟

1 將事先準備好的遊戲道具放在一旁。讓寶寶平躺。

2 拿起道具：黑白相間的條紋或方塊圖案，放在距寶寶眼睛19厘米的地方，邊移動邊唱兒歌：「黑框框，白框框，動一動，晃一晃，寶寶看，看清了。」

3 將黑白圖案晃動2~3次後，停下來約5秒，再轉動，以吸引寶寶轉動頸部，去追看。

對寶寶的益處

通過黑白顏色刺激視覺神經發育，可以鍛鍊寶寶的頸部運動能力，以及視覺的集中和追視能力。人都是用眼睛去觀察和認識世界。跟寶寶玩這樣的親子互動遊戲，既有利於開發寶寶的觀察力和注意力，又為寶寶今後的學習成長奠定了良好的基礎。

注意事項

- 出生3個月內的寶寶，尤其是新生兒，頸部雖然能轉動，但力量還十分弱；因此，媽媽在轉動黑白圖案的時候，動作應儘量慢些。
- 要掌控好時間，控制在1~2分鐘較為適宜。

拉窗簾、開窗簾

光線適應能力、
視覺反應能力訓練

遊戲道具	無	遊戲時間	白天，陽光較為充足時	遊戲場地	室內，對着窗口的地方

遊戲步驟

1. 將寶寶放在嬰兒車中，仰臥，並推至窗口附近，對着窗口的地方。

2. 緩慢地拉上窗簾，同時注意觀察寶寶的表情。同時說「拉上。」

3. 窗簾全部拉上後，光線暗淡下來，陪寶寶待上十幾秒。

4. 慢慢拉開窗簾，邊拉窗簾邊觀察寶寶的表情。同時說「拉開。」

5. 反覆拉開窗簾3~5次後，遊戲結束。

注意事項

避免陽光直接照射到寶寶的臉，以免對寶寶的視力造成傷害。

在遊戲的過程中，要時刻注意寶寶的情緒變化，當寶寶出現不安的情緒，甚至哭鬧時，應及時停止遊戲，進行安撫。

對寶寶的益處

處在這一階段的寶寶對光線十分敏感，通過窗簾的拉、開，讓室內的光線產生變化，可以進一步鍛鍊寶寶的視覺反應能力及對光線的適應能力。

撥浪鼓，搖啊搖

聽覺、聲音敏感度及精細動作能力的訓練

遊戲道具	撥浪鼓或搖鈴小玩具	遊戲時間	環境相對安靜，寶寶情緒穩定時	遊戲場地	室內

遊戲步驟

1. 拿起撥浪鼓在寶寶面前輕輕搖晃幾下，發出聲音，以引起寶寶的注意。

2. 拿起寶寶小手，幫助寶寶握住撥浪鼓，邊輕輕搖晃邊說兒歌：「撥浪鼓，搖啊搖，邦邦邦；寶寶搖，寶寶笑，哈哈哈。」

3. 在說到「邦邦邦」時，輕輕搖晃撥浪鼓，然後停頓一下，接着說「寶寶搖，寶寶笑」，接着停頓一下，看着寶寶說「哈哈哈」，逗引寶寶笑。

4. 在搖晃撥浪鼓的時候，可以在寶寶眼前、背後、左側、右側不同的地方發出聲音，用聲音吸引寶寶的注意力，讓寶寶朝發出聲音的方向轉頭。

對寶寶的益處

撥浪鼓，是中國民間傳統的玩具和樂器，其聲響節奏富有變化且造型獨特，很受孩子的歡迎。讓寶寶玩這遊戲，不僅能有效提升孩子對聲音的敏感度和節奏感，還可鍛鍊孩子的抓握能力以及手指和手腕的活動能力。

注意事項

- 0~3個月的寶寶耳膜非常脆弱，為了防止損傷寶寶聽力，在搖撥浪鼓的時候，不要太用力，幅度也不要太大。
- 在遊戲的時候，環境不要過於嘈雜，一定要保持相對的安靜。

這樣玩，孩子智商高 情商高

28

搔癢癢

身體敏感度及
對自我身體的
初步認知訓練

遊戲 道具	無	遊戲 時間	白天，在寶寶 睡醒後	遊戲 場地	室內，床上或 嬰兒搖籃內

 遊戲步驟

1 讓寶寶仰臥在床上或搖籃內。

2 輕輕叫喊寶寶的名字，以引起寶寶的注意。

3 隔着衣服，用手指輕輕地搔寶寶的肚皮。邊搔邊笑着輕聲哼兒歌：「咯吱、咯吱，寶寶笑嘻嘻……」

4 在寶寶發出笑聲後，稍微停頓一下，接着輕搔寶寶肚皮的兩側。

對寶寶的益處

在寶寶出生後，媽媽對寶寶身體的接觸，如擁抱、親吻和撫摸等，不僅能給予寶寶安全感和信任感，還可以刺激和促進寶寶身體感覺器官的發展，讓寶寶的身體敏感度得到提高，反應變得靈敏。而更為重要的是，此時的撫摸，能夠讓寶寶對自我的身體有一個初步的認知，有利於自我意識的形成。

注意
事項

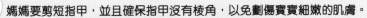

- 媽媽要剪短指甲，並且確保指甲沒有棱角，以免劃傷寶寶細嫩的肌膚。
- 確保手部溫度的暖和，不要用涼手去撫摸寶寶的肚皮。
- 在搔癢癢時，動作幅度要輕柔，以防止寶寶大笑過度引起窒息。

寶寶學唱歌

遊戲道具	無	遊戲時間	寶寶醒來，精神狀態好時	遊戲場地	室內

遊戲步驟

1. 媽媽抱着寶寶，與寶寶面對面。面帶微笑，注視着寶寶。

2. 一隻手輕輕地拍打着寶寶，自編自哼着：「咿咿呀呀，咿咿呀……」音節簡單的調子，反覆地唱給寶寶聽。

3. 引導寶寶學着哼唱，當所唱的音節正確時，便親一下寶寶，以示獎勵。

4. 在寶寶漸漸熟悉後，跟着寶寶的曲調，跟寶寶一起哼唱。

對寶寶的益處

0~3個月的寶寶，雖然還不能說話，但已經能發出一些簡單的音節來表達自己的意思，與人交流。此時，為了開發孩子的語言能力，媽媽應該多與寶寶進行語言上的交流，多跟寶寶做類似上面的遊戲，這不但能提高寶寶說話的熱情，對寶寶的語言及交往方面能力的開發也是非常有益的。

注意事項

- 媽媽自編的曲調，音節一定要簡單，所發的音最好是短音，並且有一定的節奏性。
- 在遊戲的過程中，為了引起寶寶的興趣，在哼唱兒歌的時候，還應配以相應的動作來表示節奏。

美妙的鈴聲響起來

遊戲道具	小鈴鐺或其他能發出聲響的小玩具	遊戲時間	在寶寶清醒，並且環境相對安靜時	遊戲場地	室內，床上或墊子上

遊戲步驟

1. 當寶寶醒來、精神狀態較好的時候，拿出小鈴鐺在寶寶的側面輕輕搖晃，發出清脆的「叮叮叮」。

2. 寶寶在聽到聲音後，找到發出聲音的小鈴鐺，出現興奮的表情後，停止搖晃鈴鐺。

3. 換一個方向搖晃鈴鐺，寶寶尋聲看到鈴鐺後，停止晃動（以上動作重複3~5次）。

對寶寶的益處

在寶寶生長發育的過程中，聽覺比視覺發展要早，所以媽媽要注重孩子的聽覺訓練。在這個小遊戲中，小鈴鐺發出的聲音較為清脆悅耳，媽媽在寶寶的身邊不斷地晃動小鈴鐺並發出聲音，可刺激寶寶的聽覺，提高寶寶對聲音的敏感度。

注意事項

- 在搖晃鈴鐺的時候，不要距離寶寶耳朵太近，以免損傷寶寶的聽力。
- 如果寶寶對搖晃鈴鐺所發出的聲音沒有注意，媽媽可以輕聲喊寶寶。
- 玩了一段時間後，寶寶失去了興趣，就不要再繼續下去。

媽媽與0～3個月寶寶一起玩的遊戲

寶寶體操

遊戲道具	無	遊戲時間	寶寶醒來，精神狀態較好時	遊戲場地	室內，床上或嬰兒搖籃內

☼ 遊戲步驟

1　讓寶寶雙腿伸直，舒舒服服地仰臥在床上或嬰兒搖籃內。

2　輕輕握住寶寶的腳腕，慢慢地活動腳腕、膝關節及下肢。

3　抬起寶寶的雙腳，與床面呈45度左右，然後幫助寶寶屈伸左腿，至腹部。

4　拉回寶寶的雙腳，使雙腿伸直，與床面呈45度；然後放下寶寶的雙腳，讓寶寶恢復到1的姿勢。

5　換右腿，重複3、4的動作。

◎ 對寶寶的益處

　此遊戲能夠讓寶寶的下肢得到很好的運動，可鍛鍊寶寶下肢的活動能力。媽媽在遊戲中所唱的兒歌，可促進寶寶的空間知覺及語言能力的發展。

注意
事項

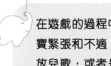

在遊戲的過程中，為了能緩解寶寶緊張和不適，媽媽可以選擇播放兒歌，或者是自己哼唱自編的兒歌，如「小寶寶，抬抬腿，做體操，真漂亮」。

● 在幫助寶寶運動的時候，媽媽不應太過於用力，而是要結合寶寶的身體運動，否則會讓寶寶產生抵抗的哭鬧情緒。

● 如在遊戲中發現寶寶緊張、煩躁，應停止遊戲，改用撫摸來安撫寶寶的情緒。

歡快的「手舞蹈」

觸覺感知、聽覺及樂感的訓練

遊戲道具	手機或電腦，播放器	遊戲時間	寶寶情緒較穩定且環境相對安靜時	遊戲場地	室內

遊戲步驟

1 把寶寶抱坐在膝蓋上，播放已經準備好的曲子。

2 跟寶寶安安靜靜地聽一遍。

3 曲子播放完後，接着播放，並隨着音樂的節奏輕輕晃動寶寶的小手，做搖擺、上下揮動或拍手等動作。音樂節奏快，動作可以快些；音樂輕柔而舒緩，動作相應放慢。

對寶寶的益處

有研究表明，孩子早期接觸音樂，對記憶力、注意力和語言能力有直接的促進作用，可以開發和提升孩子的智商。通過這一遊戲，媽媽不但能讓寶寶受到音樂的薰陶，使寶寶的聽力、節奏韻律感和感受能力得到提升，還因為伴隨着音樂節奏的「舞蹈」，讓寶寶手臂間的運動協調能力得到了較好的訓練。

注意事項

- 所選擇的曲子，建議選擇輕快、舒緩類的兒歌，如《小星星》《小太陽》等。
- 播放音樂時，音量不要過大。每次播放時間控制在5分鐘左右較為適宜。
- 在遊戲過程中，將自己愉悅的情緒傳遞給寶寶，注意動作要與音樂合拍。

媽媽與0～3個月寶寶一起玩的遊戲

大嘴巴河馬

肢體感觸及自我
意識的初步訓練

遊戲道具	無	遊戲時間	寶寶睡醒，精神狀態較好時	遊戲場地	室內，床上或嬰兒搖籃內

遊戲步驟

1 先讓寶寶躺在床上或嬰兒搖籃內。媽媽彎下身，伸出雙手，張開五指，學着大河馬的樣子，說：「河馬、河馬，大河馬來了。」引起寶寶的注意。

2 吸引了寶寶的注意後，媽媽慢慢地抓住寶寶的手，說：「大河馬，大嘴巴，張大嘴，小手手，被吃掉。」

3 當寶寶注視媽媽時，媽媽裝作打呵欠，邊鬆開抓住寶寶的手，邊說：「大河馬，打呵欠，小小手，快跑掉。」

4 重複1~3的動作3次後，遊戲結束。

對寶寶的益處

媽媽與寶寶的身體接觸，可以帶給寶寶安全感、信任感，有利於幫助寶寶建立起與他人的良好交往關係。同時，在這一遊戲過程中，通過不斷地抓握和鬆開雙手的動作，寶寶能區別和認識到自己的身體和他人的身體，可建立起初步的自我意識。

注意
事項

如果媽媽留有長指甲，在玩這一遊戲時，應剪短指甲，避免傷害到寶寶。

● 在握住寶寶手的時候，不要太過於突然、用力，以免弄痛寶寶。

● 放開捏着寶寶手的時候，動作盡量誇張一些，讓寶寶有種突然被鬆開的感覺。

搖擺的玩具

遊戲道具	寶寶喜歡玩的小玩具、細繩子	遊戲時間	在寶寶醒來，精神狀態較好時	遊戲場地	室內，床上或墊子上

🎮 遊戲步驟

1. 先將細繩子系在玩具上。讓寶寶仰臥在床上或墊子上。

2. 媽媽提着繩子的另一端，緩緩地放下，讓寶寶伸手可觸摸到玩具。

3. 寶寶伸手抓到玩具，在稍微玩了一會兒的時候，媽媽提起繩子，讓玩具離開寶寶的手。此動作重複3~5次。

對寶寶的益處

這個遊戲，可以很好地訓練寶寶手臂控制力和小手的動作靈活性以及抓握的力量；寶寶在抓握玩具的過程中，能接受到玩具的觸覺刺激，有利於提升寶寶的觸覺敏感度。

注意
事項

在遊戲的過程中，要兼顧到寶寶的情緒。當寶寶情緒不穩定的時候，應停止遊戲，以後再選擇合適的時間進行。

● 遊戲的時間不宜過長，最好控制在3分鐘以內。

● 讓寶寶觸摸的玩具，事先應當清洗，確保清潔。

媽媽與0～3個月寶寶一起玩的遊戲

快樂「蹦蹦跳」

動作協調能力，
聲音的節奏、
韻律以及勇敢等
品質的訓練

遊戲道具	無	遊戲時間	寶寶清醒，精神以及情緒相對好的時候	遊戲場地	室內，墊子、椅子或沙發上

遊戲步驟

1 媽媽抱着寶寶坐在墊子、椅子或沙發上。

2 將寶寶放在膝蓋上，邊唱兒歌邊輕輕晃動。

3 在玩了一段時間後，抱着寶寶，讓寶寶坐在自己的腳上。抓住或握住寶寶的雙手、手臂或肩膀，邊唱兒歌邊根據兒歌的拍子輕輕晃動寶寶坐着的那條腿。

對寶寶的益處

相對於寶寶的成長來說，其動作能力以及品質，對未來的發展有着莫大的關係，並直接影響到寶寶智商和情商的高低，而這一切都源自於寶寶的成長經歷。媽媽在跟寶寶玩這一遊戲的時候，就能很好地達到這一目的。除此之外，這個遊戲還能培養寶寶與媽媽之間的信任感。

注意事項

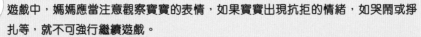

● 遊戲中，媽媽應當注意觀察寶寶的表情，如果寶寶出現抗拒的情緒，如哭鬧或掙扎等，就不可強行繼續遊戲。

● 在遊戲的過程中，媽媽除了唱兒歌吸引寶寶外，還可以用正面的語言進行積極引導，如「寶寶，好玩嗎？」、「寶寶，開不開心？」等。

● 控制好時間，即使是寶寶玩得很高興，也不要超過5分鐘。

● 不建議在寶寶睡前玩這個遊戲。

蕩鞦韆

遊戲道具	無	遊戲時間	寶寶清醒，情緒及精神狀態良好時	遊戲場地	室內

🔆 遊戲步驟

1. 媽媽將寶寶抱在懷中，一手扶住寶寶的上身，一手扶住寶寶的下肢。

2. 抱着寶寶左右搖晃，並跟着節奏唸兒歌「小寶寶，蕩鞦韆，蕩到西，蕩到東，一蕩蕩到白雲中。」

3. 當寶寶做出反應、咔咔笑的時候，搖晃的幅度可慢慢增大。在開始的時候，可以一字一節拍；當唸到最後一個字時，可將寶寶向上搖晃至直立，引起寶寶的興奮情緒。

♡ 對寶寶的益處

這一遊戲，使媽媽和寶寶有了更為親密的接觸，可以增進親子之間的關係。在輕輕晃動寶寶身體的時候，可以使得寶寶的動作協調及平衡能力得到很好的鍛鍊。另外，在媽媽具有節奏語言的刺激下，寶寶的膽量也會得到很好的鍛鍊。

注意事項

在遊戲的過程中，媽媽要注意寶寶的安全，一定要用雙手護住寶寶的全身。
- 媽媽要用積極的情緒和語言去感染寶寶。

媽媽與0～3個月寶寶一起玩的遊戲

床上踩單車

遊戲道具	無	遊戲時間	寶寶清醒，精神狀態及心情較好時	遊戲場地	室內，床上或墊子上

遊戲步驟

1. 讓寶寶平躺在床上或墊子上。雙手輕輕抓住寶寶的雙腳，一左一右，就像踩單車一樣活動。

2. 在做這些動作的時候，看着寶寶的眼睛，輕聲說：「小寶寶，踩單車，帶着眼睛去旅行。」

3. 動作的幅度跟着所說的節奏慢慢加快。

對寶寶的益處

在床上踩單車的遊戲，可讓寶寶的腿部力量得到很好的鍛鍊，為接下來學習爬行走路打下良好的基礎。除此之外，在遊戲中媽媽跟寶寶所說的話，跟寶寶的交流互動，有利於促進寶寶的語言感受能力及人際交往能力。

注意事項

- 媽媽在抓寶寶雙腳的時候，所用的力度不要太大。
- 在幫助寶寶做踩單車的動作時，動作幅度及速度不要太快，要考慮到寶寶的承受能力。

這樣玩，孩子智商高　情商高

第二章

媽媽與4~6個月寶寶
一起玩的遊戲

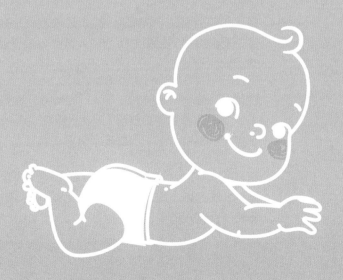

4～6個月寶寶
生長發育特點

4個月寶寶

動作能力

寶寶視線靈活，頭眼協調能力好，兩眼隨移動的物體從一側轉移到另一側。

寶寶的上肢更加有力，能夠用上肢支撐起頭部和上身，與床成 90 角；翻身有了進一步的發展，可以從仰臥翻到側臥；扶着寶寶的腋下，寶寶能夠站立片刻；手眼協調能力初步出現，能夠抓着自己的衣服、被子不放開。

感知能力

開始對顏色產生分辨能力，對黃色最敏感，其次是紅色；能夠認識父母和熟悉的親人的臉；能夠分辨出男聲和女聲。

語言能力

寶寶可以發出「a」、「o」、「e」的元音，高興的時候還能發出高聲調的叫喊聲；別人和寶寶說話時，寶寶會發出「咯咯咕咕」的聲音，像是在對話。

社交能力

寶寶用微笑、手舞足蹈或其他動作來表達喜悅和高興；能夠分辨出親人和陌生人，對親人表現出依戀；出現不快樂、恐懼的情緒。

動作能力 寶寶開始學習坐起來,不過只能獨自坐幾秒鐘;喜歡的玩具能夠俯臥着伸手去拿;聽到音樂時會隨着節奏搖晃自己的身體,但不能完全合拍;喜歡咬玩具,能夠把小鈴鐺搖響。

感知能力 寶寶的視力範圍可以達到幾米遠,眼球能上下左右移動,注意一些小東西;能辨別紅色、藍色和黃色之間的差異;聽到自己的名字時會回頭看,尋找聲音的來源;開始注意鏡子裏的自己。

語言能力 寶寶不僅注意媽媽說話的方式,也會注意到媽媽發出的音節;寶寶能夠發出的音更多了,高興時更加明顯,但並沒有明確的意義,只是咿呀不停地自言自語。

社交能力 寶寶看到媽媽或者聽到媽媽以及熟人說話時會笑,5個月的寶寶很喜歡笑,除非生病了或不舒服。

5個月寶寶

動作能力 寶寶俯臥的時候,可以用肘支撐着將胸部抬起,但腹部還是靠着床面;頭部能夠穩穩地豎起來;喜歡把所有拿到的物體放在嘴裏咬一咬;腿部和腳部的力量更大,學會用腳尖蹬地。

感知能力 寶寶已經能夠自由轉頭,視野擴大了,視覺靈敏度已接近成人水平;會對着鏡子微笑,伸手摸或拍打鏡子裏面的人;手眼協調能力增強,成了積極的學習者和新事物的探索者。

語言能力 寶寶開始進入咿呀學語的時期,發音更多也更主動,獨處的時候喜歡自言自語,不經意間會發出一些不很清晰的語音,會無意識地叫「mama」、「baba」、「dada」等。

社交能力 寶寶開始認生,陌生人不容易從媽媽懷裏抱走寶寶;不高興時會發脾氣,媽媽不在身邊時會害怕。

6個月寶寶

紅帽子、藍帽子

顏色認知、
數量變化和
空間概念的訓練

遊戲道具	紅色、藍色帽子各1頂或者是手套	遊戲時間	寶寶睡醒後，精神狀態較佳時	遊戲場地	室內

遊戲步驟

1 媽媽將紅、藍兩頂帽子分別戴在左手和右手上。輕輕在寶寶面前晃動，並唱兒歌：「紅帽子，藍帽子，紅紅藍藍真好看。」

2 吸引寶寶注意後，接着唱：「紅帽子，藍帽子，紅紅藍藍真好看。」在唱到「紅帽子」時，晃動的雙手稍微停下，並且將「紅帽子」舉高些，並離寶寶近一些。唱到「藍帽子」時，做同樣的動作。

3 媽媽唱3~5遍後，在末尾加「不見了！」同時將雙手放到身後，看着寶寶微笑。然後接着唱：「在這裏！」把手從背後拿出，在寶寶面前晃動。

對寶寶的益處

這一遊戲，以紅、藍兩種不同顏色的帽子作為道具，不但可以讓寶寶對紅、藍兩色有較好的認知，再加上不斷變化的動作，可以讓寶寶感受到數量的變化，以及空間知覺和物體在空間中的運動。

注意事項

在遊戲的過程中，媽媽要多觀察寶寶的反應，當寶寶顯得沒甚麼興趣，有些煩躁，就不要再繼續下去。

小鼻子，在哪裏

遊戲道具	無	遊戲時間	寶寶睡醒，精神及情緒較好時	遊戲場地	室內

🌀 遊戲步驟

1. 媽媽抱着寶寶，讓寶寶坐在自己的腿上。輕輕地撫摸寶寶，跟寶寶交流，逗引寶寶。

2. 摸摸寶寶的鼻子，說：「寶寶，這是鼻子。」同時，握住寶寶的小手讓寶寶摸媽媽的鼻子或寶寶自己的鼻子。

3. 邊輕點寶寶的鼻子邊哼唱：「鼻子、鼻子小鼻子，寶寶的鼻子作用大，聞氣味，會呼吸。」

🛡 對寶寶的益處

在遊戲的過程中，寶寶通過觸摸自己和媽媽的鼻子，對自我與他人的身體有所區分，可幫助寶寶認識自己的身體，有利於寶寶自我意識的發展。另外，媽媽唱的兒歌，有意識地向寶寶傳遞了鼻子這一器官的作用，會讓寶寶對鼻子的功能有一個初步的了解。

注意事項

媽媽在和寶寶玩這個遊戲的時候，要掌握一個循序漸進的過程，先引起寶寶的興趣，才能順利地將遊戲進行下去，並達到應有的效果。

媽媽與 4～6 個月寶寶一起玩的遊戲

小馬「駕駕」跑得快

身體平衡及聲音節奏感的訓練

遊戲道具	無	遊戲時間	寶寶睡醒，精神及情緒較好時	遊戲場地	室內

遊戲步驟

1. 媽媽坐在椅子或沙發上，讓寶寶分開雙腿坐在自己的腿上。

2. 先跟寶寶說一會兒話，逗引寶寶。

3. 慢慢地輕輕地抖動雙腿，同時哼唱：「小寶寶，騎大馬，駕駕駕，馬兒跑得快，寶寶笑哈哈。」在唱到「駕駕駕」時，雙腿抖動的力度、幅度加大一些，就像是馬兒突然加速奔跑。當唱到「寶寶笑哈哈」的時候，雙腿暫時停止抖動，高興地左右晃動寶寶。

對寶寶的益處

遊戲中，媽媽抖動雙腿，坐在腿上的寶寶在本能的意識下為了確保自己不會摔倒，便會去平衡自己的身體，使得身體平衡的能力得到鍛鍊。而媽媽雙腿的抖動是跟着兒歌的節奏抖動的，將節奏感傳遞給了寶寶，使得寶寶的節奏感在無意識中得到加強。

注意事項

- 媽媽應抓緊寶寶的雙手，避免在抖動或者寶寶玩得高興時，從腿上摔下來。
- 媽媽在抖動雙腿的時候，在開始的時候應緩慢然後慢慢加大幅度，以免寶寶一時不適應，而產生抗拒。

小兔子吃蘿蔔

遊戲道具	硬紙剪的大、小白兔各1個，大、小蘿蔔各3個	遊戲時間	白天	遊戲場地	室內，墊子上或桌子旁

🌀 遊戲步驟

1. 將玩具道具擺放在桌子或墊子上。媽媽抱着寶寶坐在玩具道具的面前。

2. 分別拿起大、小白兔，對寶寶說：「白白的兔子，真可愛，愛吃蘿蔔跑得快。」讓寶寶認識白兔和蘿蔔。

3. 在寶寶認識了白兔和蘿蔔後，接着告訴寶寶：「大白兔要吃大蘿蔔，小白兔要吃小蘿蔔」，並且跟寶寶一起幫着挑選。

🛡 對寶寶的益處

　　處在這一階段的寶寶，還不能真正地對大和小予以區別，這一遊戲，就是為了幫助寶寶進一步地認識大和小的概念。同時，在大、小兩隻白兔以及蘿蔔的比較過程中，寶寶的觀察和分辨能力得到提高。

注意事項

此遊戲不一定要寶寶能夠做到挑選正確，因而在遊戲的過程中，媽媽始終要積極地給寶寶引導，幫助寶寶一起完成。

媽媽與4～6個月寶寶一起玩的遊戲

寶寶飛呀飛

環境認知及身體
運動協調能力的訓練

遊戲道具	無	遊戲時間	寶寶清醒，情緒及精神狀態良好時	遊戲場地	戶外，散步的路上

遊戲步驟

1. 媽媽抱着寶寶在路上散步的時候，如果天氣較好，且四周沒有車輛及行人，相對安全的時候，先輕輕地搖晃懷中的寶寶，逗引寶寶。

2. 寶寶的注意力被吸引後，用雙手抱住寶寶的腋下，慢慢舉起，邊輕輕晃動邊輕哼兒歌：「寶寶，寶寶坐飛機，搖搖晃晃飛起來。」

3. 在將寶寶舉起，搖晃片刻後，重新抱到懷中。

對寶寶的益處

此遊戲能夠讓寶寶從成人的高度去看世界，能引發寶寶對世界的好奇和探知，更為重要的是，在搖晃和升高的過程中，寶寶從緊張、害怕轉為興奮，可以培養寶寶的勇氣和膽量。

注意事項

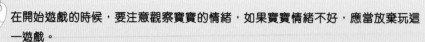

在開始遊戲的時候，要注意觀察寶寶的情緒，如果寶寶情緒不好，應當放棄玩這一遊戲。

- 寶寶被舉起的時候，開始可能會緊張、害怕，此時媽媽應面帶微笑予以鼓勵。
- 在遊戲的過程中，媽媽一定要緊緊地抓住寶寶，以免寶寶從手中脫落，受到傷害。

青蛙跳水

| 遊戲道具 | 無 | 遊戲時間 | 寶寶醒來，精神及情緒狀態較好時 | 遊戲場地 | 室內 |

遊戲步驟

1 媽媽坐在椅子、墊子或毛毯上，雙手扶着寶寶，讓寶寶面對面地站在自己的腿上。

2 逗引寶寶，吸引寶寶的注意。

3 嘴裏哼唱兒歌：「小青蛙，真淘氣，一隻青蛙一張嘴，兩隻眼睛四條腿，撲通一聲跳下水。」在開始的時候，隨節奏讓寶寶輕輕跳動，寶寶適應後，動作力度及幅度加大，在唱到「跳」時，舉着寶寶蹦跳。

4 在玩了一段時間後，媽媽只需要扶着寶寶就可以了，雙手不再需要用力。

對寶寶的益處

此遊戲可以鍛鍊寶寶的下肢力量，同時，媽媽在遊戲過程中不斷重複唱的兒歌，會讓寶寶對數字有一定的認知。

注意事項

在寶寶蹦跳的時候，媽媽一定要注意觀察，不可輕易放開扶住寶寶的雙手，以免發生意外。

彩色紙飛機

遊戲道具	顏色不同的紙若干張	遊戲時間	白天	遊戲場地	室內或室外較為空闊、安全的場所

遊戲步驟

1. 媽媽先用不同顏色的紙摺成若干架紙飛機。

2. 帶着寶寶來到摺好的彩色紙飛機面前，拿起其中的一架紙飛機，如是紅色的，就對寶寶說：「這是紅色的紙飛機。」

3. 在吸引了寶寶的注意力後，將飛機輕輕往前拋，並哼唱兒歌：「紙飛機，飛呀飛，飛到哪裏去了啊！」

4. 紙飛機降落後，指着紙飛機對寶寶說：「哈哈，原來在這裏。」

5. 握住寶寶的手，協助寶寶拋飛機，並哼唱兒歌。

對寶寶的益處

寶寶對顏色較為鮮艷的東西較為敏感，用不同顏色的紙摺飛機，容易吸引寶寶的視線。在遊戲的過程中，通過兒歌有意識地向寶寶傳遞顏色的概念，能讓寶寶對顏色有着更好的認知。另外，寶寶的視線在追隨紙飛機的飛行軌跡時，對寶寶空間智慧的發展有很大的促進作用，也鍛鍊了寶寶的視覺追蹤能力。

注意事項

- 在拋紙飛機的時候，媽媽的動作幅度不要太大，以免影響到寶寶的觀察，忽略了飛機的飛行路徑。
- 在拋紙飛機的時候，也不要拋得太遠；不然，寶寶的視線會跟不上。

美麗泡泡飄啊飄

遊戲道具	泡泡液小瓶	遊戲時間	寶寶情緒和精神狀態良好時	遊戲場地	戶外較為寬敞安全的場地

 遊戲步驟

1. 寶寶背靠媽媽，媽媽托抱起寶寶；媽媽一隻手環抱寶寶腹部，另一隻手托起寶寶的雙腳，跟隨泡泡做踢的動作。

2. 引導寶寶從不同的角度去看泡泡，可以說：「寶寶，你看這是甚麼呀！你看看，是不是很漂亮啊！」

3. 將溢出泡沫捧在手中，讓寶寶觀看，可以嘗試着讓寶寶用手指觸摸。

4. 在寶寶玩得興高采烈的時候，用扇子輕輕扇動泡沫，同時哼唱兒歌「小泡泡，真奇妙，五光十色真漂亮！」並引導寶寶去看空中飄動的泡泡。

對寶寶的益處

此遊戲，有助於鍛鍊寶寶的視覺反應能力及身體的運動能力。另外，寶寶在看到五光十色的泡泡後，會在心中埋下一顆好奇的種子，為將來探索和尋求新的知識增添動力。

注意事項

- 寶寶用手指觸碰泡泡後，要防止寶寶將手指放入嘴中。
- 用扇子搧泡泡時，應注意方向，不要朝着寶寶的方向。

媽媽與 4～6 個月寶寶一起玩的遊戲

叮叮噹噹響不停

> 觸覺感受力及
> 思維積極性的訓練

遊戲道具	空膠樽、奶粉罐，木棍或筷子	遊戲時間	白天	遊戲場地	室內，地毯或墊子上

❀ 遊戲步驟

1. 將空的膠樽、奶粉罐等（可以發出不同聲響的物品）擺放在地毯或墊子上，旁邊放上木棍或筷子。

2. 扶着或抱着寶寶坐在擺放好的玩具道具前。

3. 拿起木棍或筷子，給寶寶做示範，敲擊空膠樽或者空奶粉罐，並模仿發出「鐺、鐺……」的敲擊聲。

4. 握住寶寶的小手，敲擊空膠樽或空奶粉罐，並且根據節奏，模擬發出類似的聲音。

5. 慢慢放開握住寶寶的手，讓寶寶自己敲擊。

◎ 對寶寶的益處

這一遊戲，可以讓寶寶在遊戲的過程中感受到不同材料之間的區別，並認識到自己的活動與外界聲音之間的關係，有助於提升寶寶的觸覺感受力及思維積極性，同樣還能培養寶寶的節約意識。

注意事項

選擇用來當做敲擊樂器的材料，應避免易碎的玻璃製品，以免破裂傷到寶寶。

- 材質可有所不同，在開始的時候不宜過多。
- 在遊戲的過程中要看護好寶寶，防止寶寶被木棍或筷子戳傷。

寶寶的圖片世界

遊戲道具	色彩艷麗、圖案簡單的動物卡片	遊戲時間	寶寶清醒，情緒及精神狀態良好時	遊戲場地	室內

🎮 遊戲步驟

1. 在準備好動物卡片後，抱着寶寶坐在自己的膝蓋上。拿出一張卡片，如小鴨子讓寶寶看。

2. 在寶寶充滿興趣看卡片的時候，引導寶寶認識卡片上的動物，告訴寶寶「這是鴨子。」

3. 為了增強寶寶的遊戲興趣，以及記住卡片上的動物。媽媽可以學鴨子「呱呱」的叫聲，可以自編兒歌，如「小鴨子，呱呱叫，會游泳，會捉魚。」

4. 寶寶認識了卡片上所有的動物後，在以後的遊戲中，媽媽可以唸兒歌，讓寶寶尋找相應的卡片。

📍 對寶寶的益處

五顏六色的卡片，對寶寶來說是充滿吸引力的。媽媽在跟寶寶遊戲的時候，要充分利用這一點，循序漸進，通過相應的方法去開發寶寶的智商和情商。這一遊戲，不僅能讓寶寶對一些動物有一定的認知，還有利於增強寶寶的記憶力。

注意事項

此時孩子正處於口慾期，即用嘴巴認識世界，拿到任何物品都要用嘴巴去感受。媽媽要及時阻止，並告訴寶寶這是書，是不能吃的。

- 這是一個重複的遊戲，隔一段時間再玩時，媽媽可以適當地幫助寶寶複習以前遊戲中所認識的動物，當寶寶做對時，應予以獎勵。

會變玩具的魔術袋

遊戲道具	鮮艷的布袋及寶寶的小玩具若干	遊戲時間	白天	遊戲場地	室內，地毯或墊子上

遊戲步驟

1. 先將玩具放到色彩鮮艷的布袋中。

2. 將布袋放到寶寶的眼前，輕輕地、慢慢地拉動，以引起寶寶的注意。

3. 寶寶伸手去抓，並抓住袋子後，幫助寶寶打開布袋，從中拿出玩具，每拿出一個玩具，就告訴寶寶這個玩具的名稱。

4. 還可以讓寶寶把手伸進口袋，摸出玩具。此時，媽媽還可以帶着寶寶唱兒歌：「神奇的口袋，讓我伸手摸一摸，摸呀摸呀，摸呀摸，摸出一個（蘋果）來！」

對寶寶的益處

此遊戲，有利於增強寶寶的軀體支撐力，以及手握抓和身體的平衡能力。同時，在遊戲的語言交流過程中，可促進寶寶語言能力的發展。更為重要的是，當寶寶從袋子裏面拿出心愛的玩具時，對於空間，以及空間所藏納物品產生了濃厚的興趣和好奇。而興趣和好奇心，恰恰是寶寶學習的最好老師，能增強寶寶對外部世界的探索和求知慾。

注意事項

- 袋子裏面裝的玩具不宜過多，兩三個就可以了。

- 在從袋子裏面拿玩具的時候，媽媽應該是輔助，不應替寶寶拿。當寶寶着急的時候，應當學會鼓勵。

- 在這個階段，媽媽將摸出物品的名稱說出來。在1歲後，這個遊戲可以加大難度，例如，媽媽告訴寶寶摸出的物品名稱後，讓寶寶伸手在袋子裏尋找。

開「飛機」

動作協調以及堅強、勇敢品質的訓練

遊戲道具	無	遊戲時間	寶寶清醒，情緒狀態較好時	遊戲場地	室內，床上或墊子上

☀ 遊戲步驟

1. 媽媽仰臥在床上或墊子上，將寶寶放在腹部或胸部。

2. 用手托住寶寶胸部，邊緩慢舉起寶寶邊說：「嗚嗚，小飛機要起飛了。」

3. 舉起寶寶後，媽媽可說：「嗚嗚，小飛機飛呀飛！」

4. 緩緩將寶寶放下，放在腹部或胸部，休息片刻。

5. 將寶寶翻過身，按順序做2~4同樣的動作(以上動作重複3~5次)。

◎ 對寶寶的益處

這一遊戲可以說是一舉多得，既可使得寶寶的胸肌和背伸肌的力量得到鍛鍊，有助於動作協調能力的發展；又能讓寶寶對「高」、「低」等感念有一個初步的認知；更為重要的是，因為寶寶第一次舉到空中的時候，寶寶會害怕、緊張，在鼓勵以及多次訓練後，有助於寶寶養成堅強、勇敢的品格。

注意事項

在舉起寶寶的時候，上升及下降的動作不要太快。

在遊戲的過程中，媽媽應當始終面帶微笑，當寶寶因為害怕緊抓你的雙手時，應當學會鼓勵，輕聲說「寶寶真厲害，真勇敢！」之類的話。不要以為寶寶年紀小聽不懂，他會從你的表情中得到鼓勵的。

小車過山洞

遊戲道具	報紙或A4紙，小玩具車或乒乓球	遊戲時間	白天	遊戲場地	室內，墊子或地毯上

遊戲步驟

1. 抱着寶寶坐在墊子或地毯上。將報紙捲成紙筒。

2. 拿起寶寶的小玩具汽車，逗引寶寶注意，然後將小汽車塞入紙筒。

3. 在寶寶睜大眼睛看着的時候，將紙筒傾斜，讓小汽車從紙筒內滑出。

4. 協助寶寶完成2~3動作，寶寶熟悉後讓寶寶自己動手玩。

對寶寶的益處

在這一年齡階段，寶寶要想將東西放到一個固定且較為狹小的地方，並不是件易事。此遊戲在調動寶寶興趣的過程中，讓寶寶充滿了興趣去做，可以使得寶寶的這一能力得到很好的鍛鍊。同時，汽車鑽進山洞不見了，然後又出來了，這一神奇的現象，會刺激寶寶思維的發育，有利於創造性思維的培養。

注意事項

- 用舊報紙捲紙筒做山洞時，口徑要相對大一些，以便寶寶能較輕鬆地將小汽車塞進山洞。倘若難度太大，寶寶難以將小汽車放進山洞，就會失去對這一遊戲的興趣。
- 用其他的物品，尤其是乒乓球替代小汽車時，要防止寶寶吃、咬。

拉大鋸扯大鋸

手臂、腿部力量，
肢體協調及
感知能力的鍛鍊

遊戲道具	無	遊戲時間	寶寶睡醒，精神及情緒狀態較好時	遊戲場地	室內，墊子上

🌀 遊戲步驟

1. 媽媽抱着寶寶先在墊子上坐下。張開雙腿，讓寶寶坐在腿中間。

2. 抓住寶寶的手腕，雙手交替，前後活動，並同時唱兒歌：「拉大鋸，扯大鋸，外婆家，唱大戲，媽媽去，爸爸去，小寶寶，也要去。」

3. 休息片刻。繼續2的動作，並嘗試把寶寶拉起。

🛡 對寶寶的益處

　　「拉大鋸扯大鋸」，是中國較為經典的傳統民間幼兒遊戲，其童謠有不同的版本，在跟寶寶玩遊戲的時候，媽媽可以根據自己的興趣愛好選擇，同樣可以將把歌謠改得具有現代特色一些，如「拉大鋸，扯大鋸，電視機，演故事，媽媽看，爸爸看，小寶寶，也要看」等。這一遊戲，不僅可以幫助孩子鍛鍊手臂、腿部的力量以及肢體協調能力，還可以激發孩子的好奇心和興趣去認知、感知世界。

注意事項

　　在玩遊戲的時候，要掌握循序漸進的規律，先幫助寶寶放鬆上肢，不能一上來就嘗試將寶寶拉起來。

● 遊戲時間不要太長，一般來說，每次3分鐘左右較為適宜。如果寶寶還想要玩，媽媽也一定要在3分鐘左右讓寶寶躺下來休息會兒。

媽媽與4～6個月寶寶一起玩的遊戲

媽媽會變臉

遊戲道具	無	遊戲時間	寶寶醒來，精神及情緒狀態較好時	遊戲場地	室內，床上或墊子上

遊戲步驟

1. 和寶寶面對面坐在床上或墊子上。

2. 模仿各種動物的樣子，並告訴寶寶這是甚麼動物。如在模仿老虎的時候，說「嗷，我是大老虎」；模仿小貓的時候，說「喵喵，我是小貓咪」；模仿老鼠的時候，說「吱吱，我是小老鼠」等等。

3. 慢慢地，讓寶寶模仿，寶寶也會咿咿呀呀地學媽媽發出聲音。

對寶寶的益處

處在這一年齡階段的寶寶對外面的世界越來越好奇，尤其是對一些動物。遊戲中媽媽不斷地模仿動物，會讓孩子對一些動物有所認知，建立初步認知，不僅如此，寶寶的咿呀學語，有助於語言能力的開發。這些都有助於寶寶的智力發育。

注意事項

- 在模仿動物的時候，媽媽的動作不能太過突然，也不要顯得太過於凶狠，以免嚇到寶寶。
- 在遊戲的過程中，要關注寶寶的安全，保護好寶寶。

這樣玩，孩子智商高 情商高

動物音樂會

遊戲道具	音樂播放器，動物叫聲的音樂檔案	遊戲時間	白天	遊戲場地	室內，地毯或墊子上

❈ 遊戲步驟

1 扶着或抱着寶寶坐在墊子上。

2 播放事先準備好的音樂，先播放一種，如青蛙的叫聲。跟寶寶一起聽，並且學音樂中青蛙的叫聲：「呱呱」，以引起寶寶的興趣，並引導寶寶學着發聲。

3 寶寶努力模仿時，給予鼓勵，並給寶寶做示範：鼓腮學青蛙呱呱叫。

⊙ 對寶寶的益處

聽音樂學動物叫聲及模仿動作，不僅可以提高寶寶的聲音分辨能力，還可以鍛鍊寶寶的發音及語言能力。更重要的是，會使得寶寶的模仿能力得到鍛鍊。寶寶學習新的知識、技能，往往是從模仿開始的。

注意事項

- 選取的動物叫聲，不要太複雜，也不要太多，有兩三種動物就行了。
- 所選擇的動物叫聲，應是容易分辨的聲音，如小鳥、老虎、青蛙等。

媽媽與 4～6 個月寶寶一起玩的遊戲

包春卷

遊戲道具	浴巾或小床單	遊戲時間	寶寶醒來，精神及情緒狀態較好時	遊戲場地	室內，床上或墊子上

遊戲步驟

1 在寶寶的身邊鋪好浴巾或小床單後，逗引或將寶寶抱到浴巾或小床單中間。

2 跟寶寶玩一會兒後，將寶寶捲起來，邊捲邊唱：「捲啊捲，捲成一個大春卷。」

3 將寶寶捲好後，繼續逗引寶寶，然後將寶寶放到床的中間，一邊說「吃春卷了」，一邊拉動浴巾或毛巾的一頭，讓寶寶在床上滾動。

4 在滾動的過程中，媽媽可唱兒歌：「左滾滾，右滾滾，前滾滾，後滾滾，滾出一個小春卷。」在唱到「小春卷」時，抱或輕輕地撫摸一下寶寶。

對寶寶的益處

寶寶在翻滾的過程中，可以鍛鍊全身肌肉，有利於運動能力的開發。同時，媽媽唱的兒歌會讓寶寶對前後左右的空間概念有所認知，而帶有節奏感的兒歌哼唱，有利於培養寶寶的節奏韻律感。

注意事項

- 在滾動的過程中，媽媽要注意寶寶的安全，防止寶寶滾下床。
- 因這一遊戲需要寶寶全身運動，活動量較大，所以媽媽要注意讓寶寶多休息。

捉迷藏

認知能力、
社交技巧及
膽量的訓練

遊戲道具	手帕、乾毛巾等	遊戲時間	寶寶睡醒，精神及心情較好時	遊戲場地	室內，床上

☼ 遊戲步驟

1. 讓寶寶坐在床上，背靠着枕頭。

2. 坐在寶寶的對面，拿出手帕或乾毛巾，嘴中念兒歌：「小手帕，真漂亮，四四方方真好看，寶寶頭上蓋一蓋，蓋上之後媽媽不見了。」然後將手帕蓋在寶寶臉上。

3. 迅速將手帕拿開，將臉湊近寶寶臉，繼續說：「你看，媽媽又來了。」

4. 接着重複步驟2、3動作2~3次。

◎ 對寶寶的益處

寶寶是在玩的過程中認識世界的。媽媽和寶寶玩這個遊戲，通過一塊小小的手帕，便能夠讓孩子知道，被物體遮蓋住的人和事物，雖然不在視線範圍內，但並不是真的消失，而是「暫時消失」。不僅如此，這一遊戲還能起到鍛鍊孩子膽量的作用。

注意事項

在選用手帕和乾毛巾的時候，最好選用質地柔軟的。
* 在用毛巾蓋寶寶臉的時候，不要太過突然，以免嚇到寶寶。
* 蓋手帕的時間也不能過長，以免寶寶心理產生緊張和不安。

拉一拉，玩具就過來

遊戲道具	平時玩的小玩具和顏色不同的繩子若干	遊戲時間	白天	遊戲場地	室內，墊子或地毯上

遊戲步驟

1. 讓寶寶坐在墊子上，將繩子繫在寶寶平時玩的玩具上，並且放在離孩子有一定距離的地方。

2. 當孩子要爬過去拿玩具的時候，媽媽要進行阻止。

3. 逗引寶寶，並且向寶寶示範：慢慢拉動繩子，讓玩具自己過來。

4. 將玩具放到原來的地方，繩子的一頭放在寶寶身邊，看寶寶是不是知道拉繩子取玩具。如果寶寶還是想爬過去拿玩具，再給寶寶多做幾次示範，也可以將繩子放在寶寶手上，協助寶寶拉動，讓玩具過來。

5. 寶寶熟悉後，讓寶寶自己拉動。

對寶寶的益處

此遊戲不但能夠鍛鍊寶寶手部的力量，還有利於培養寶寶借助工具的意識，更為重要的是，媽媽阻止寶寶爬過去拿玩具，會讓寶寶對規則有所認知，這對寶寶以後的學習及人際交往都會有所幫助。

注意事項

- 在阻止寶寶爬過去拿玩具時，應注意方法，不可太過嚴厲，以免嚇到寶寶。
- 不要因為寶寶哭鬧而心軟，就讓寶寶爬過去拿玩具。

第三章

媽媽與7~9個月寶寶
一起玩的遊戲

7~9個月寶寶
生長發育特點

7個月寶寶

 動作能力

寶寶有了獨坐的能力，有的寶寶還能獨自坐着伸出手去拿前面的玩具；翻身相當靈活，大動作較好的可以伏地爬行或倒退爬行 雙手可以同時握住較大的物體，能把玩具從一隻手遞到另一隻手。

認知能力

寶寶愛看周圍環境，更愛看媽媽、食物、玩具等和自己有關的物象；已經能夠區分親人和陌生人；如果玩具不見了，寶寶會尋找；認識物體的方式更多了，如抓、摸、掰、咬、搖。

 語言能力

寶寶開始主動模仿媽媽的說話聲，會整天重複同一個音節，直到開始學習下一個音節；寶寶已經能熟練地尋找聲源，聽懂不同語氣、語調表達的不同意義。

 社交能力

寶寶對周圍事物開始產生好奇心，能夠有意識地觀察自己感興趣的人和事物；學會了用不同的方式表現自己的情緒。

8個月寶寶

 動作能力

大多數寶寶已經學會了爬行，只是爬得不熟練，四肢運動不協調，經常翻倒，經歷伏地爬行到手膝爬行的階段。

 認知能力

寶寶對看到的東西有了直觀思維能力，如看到奶瓶就會與吃奶聯繫起來；對遠距離的東西更感興趣，對拿到手的東西則反覆地看；好奇心更加強烈，不過注意力難以集中，很容易從一件事物轉移到另一件事物。

 語言能力

寶寶會笨拙地發出「媽媽」、「拜拜」等聲音了，還可以模仿成年人發出咳嗽的聲音；理解語言的能力顯著提高。

 社交能力

寶寶能夠理解別人的情感了，如果對他笑，他就會很高興，如果批評他，他就會哭或顯得很沮喪；喜歡讓人抱，還會自己伸出手要求抱抱。

9個月寶寶

 動作能力

寶寶能夠很熟練地爬行了，變得活潑好動；手指更加靈活，拇指和食指能夠捏起較小的物品，喜歡用食指挖東西；會模仿媽媽拍手，能把紙撕碎，並放在嘴裏吃。

 認知能力

寶寶能認識爸爸媽媽的長相，還能認識爸爸媽媽穿的衣服；能有選擇地看他喜歡看的東西，如在路上奔馳的汽車、玩耍中的小孩等；已經認識五官，有的寶寶還認識其他身體部位。

 語言能力

寶寶雖然能夠表達的語言不多，但能夠理解的語言很豐富；可以用很簡單的語言回答媽媽的問題；能夠模仿媽媽的發聲，說話時會配合手部動作，如說「不」的時候會做出擺手的動作。

 社交能力

遇到陌生人或者到了新的環境，寶寶開始變得緊張、害怕，聽到媽媽談論自己會感到害羞；對媽媽更加依戀。

神奇的鏡子世界

遊戲道具	落地大鏡子或全身鏡	遊戲時間	寶寶醒來，精神及情緒狀態較好時	遊戲場地	室內，大鏡子旁

遊戲步驟

1. 將寶寶抱到大鏡子前，對寶寶說：「寶寶，看到沒有，這是鏡子。」

2. 指着鏡子說：「寶寶，看到沒有，這裏面是誰，乖不乖啊？」

3. 在引起寶寶的注意後，指着鏡子中的人說：「這是媽媽」、「這是寶寶」、「這是寶寶的小嘴巴、小鼻子、小耳朵」等。

4. 讓寶寶休息一會兒後，拉着寶寶的小手在鏡前做些動作，如拍手、叉腰等；也可左右、前後地移動身體。在這一過程中，要讓寶寶感覺到自己和鏡中的「寶寶」同時在動。另外，還可把寶寶喜歡的玩具放在寶寶的手裏，搖動、擺弄，進一步引起寶寶對鏡中影像的好奇。

5. 在下一次玩遊戲前，問寶寶嘴在哪裏，鼻子在哪裏；如果寶寶答對了，要顯得很驚喜，答錯了，要耐心地更正。

對寶寶的益處

此階段寶寶的活動能力得到了進一步的提升，對於外面的世界的好奇心和求知慾更強。通過照鏡子的遊戲，鏡子裏的「自己」能很好地吸引寶寶的注意力，並且認識到自己身體的一部分並記住。

注意事項

遊戲的時候，要保護好寶寶，避免寶寶看到鏡子中的自己後變得過於興奮，被鏡子弄傷。

聲音從哪裏來

遊戲道具	音樂播放器	遊戲時間	寶寶精神及情緒較好時	遊戲場地	室內，墊子上

遊戲步驟

1. 媽媽將寶寶抱坐在墊子上，拿出事先準備好的音樂播放器，並且迅速播放音樂。

2. 如果音樂引起寶寶的注意，並且在聽音樂和看着音樂播放器，就靜靜地陪寶寶聽完。倘若音樂沒能引起寶寶注意，媽媽則需要進行語言的引導，可以說：「寶寶，你聽這是甚麼聲音，真好聽啊」，在說話的時候，注意將自己的情緒傳遞給寶寶。

3. 音樂播放完後，趁着寶寶沒有注意將播放器悄悄換一個位置，然後再次播放音樂。寶寶此時會自己尋找，如沒有的話，需要媽媽引導。

對寶寶的益處

寶寶的好奇心和興趣，是他們探索世界及尋求知識的原始動力。這一遊戲通過從不同的方位傳來聲音，不僅能激發孩子的好奇心和興趣，還能夠提升孩子對聲音的敏感度，並且讓寶寶對空間位置概念有一定的認知。

注意事項

- 選擇播放的音樂應該適宜於此年齡階段的寶寶，最好是純音樂。另外，音樂播放的音量不要過大。
- 在寶寶因為尋找不到音樂播放器而情緒變得焦急時，媽媽應及時地予以安撫。

媽媽與 7~9 個月寶寶一起玩的遊戲

挖寶藏

手指抓握、動作
協調的訓練及
探索求知慾的引導

遊戲道具	臉盆、黃豆以及小玩具若干	遊戲時間	寶寶精神及情緒較好時	遊戲場地	室內，墊子上

遊戲步驟

1 將黃豆倒入臉盆中，最好裝上半臉盆，然後將玩具埋在黃豆中。

2 媽媽讓寶寶坐在臉盆前，有意識地引導寶寶在黃豆中找玩具。如可以自己先將手伸進黃豆中，摸出一個玩具後，在寶寶眼前晃晃，高興地說：「寶寶，你看這是甚麼啊？」

3 媽媽將摸出的玩具再次放入黃豆中，鼓勵寶寶找出來。

4 寶寶將玩具全部找出來後，遊戲結束。

對寶寶的益處

寶寶在玩這一遊戲的時候，因為要從黃豆中拿出小玩具，手指的抓握能力得到增強；還因為要不斷地從黃豆中翻找小玩具，在無形中增強了他們的探索求知慾。

注意事項

- 控制好時間，這一遊戲的時間在10分鐘左右較為適宜。
- 看護好寶寶，防止寶寶將黃豆放入嘴中。
- 寶寶找到玩具後，媽媽應當表現出很高興的樣子，並予以鼓勵。

這樣玩，孩子智商高 情商高

五官歌

自我認知、語言感知、情緒表達和反應能力的訓練

遊戲道具 無	遊戲時間 寶寶精神及情緒較好時	遊戲場地 室內、床上或墊子上

☀ 遊戲步驟

1. 媽媽和寶寶面對面坐下，也可以抱着寶寶。媽媽指着寶寶的眼睛，引導寶寶用手點指自己的眼睛，並說：「眼睛，小小眼睛看得清。」

2. 接着指鼻子，引導寶寶點指鼻子，並說：「鼻子，小小鼻子聞花香。」

3. 接着指嘴巴，引導寶寶點指嘴巴，並說：「嘴巴，小小嘴巴吃東西。」

4. 接着指耳朵，引導寶寶點指耳朵，並說：「耳朵，小小耳朵聽聲音。」

5. 在重複做上述步驟1~4的動作3~5遍後，寶寶對眼睛、鼻子等器官有了一定的認知，媽媽便可以將上面的動作和兒歌連起來一起做，並引導寶寶根據兒歌點指自己的五官。

◎ 對寶寶的益處

在這一遊戲中，媽媽的語言刺激以及手指與器官的接觸，既能讓寶寶對五官及其功能有所認知，還會讓寶寶建立起語言與動作之間的聯繫，並提升寶寶的反應能力。

注意事項

- 由於此遊戲相對於7~9個月的寶寶來說還有些複雜，因此媽媽在跟孩子在做這一遊戲的時候，應當注意引導和互動，提起寶寶興趣，讓遊戲繼續下去。
- 要想讓寶寶記住並認清五官，不是一次就可以的，需要多次遊戲，因而媽媽需要有一定的耐心。

媽媽與 7～9 個月寶寶一起玩的遊戲

龜兔賽跑

遊戲道具	寶寶平時喜歡的玩具	遊戲時間	白天、晚上均可	遊戲場地	室內，墊子或地毯上

 遊戲步驟

1. 先將寶寶平時喜歡的玩具放在墊子或地毯的另一端。

2. 把寶寶放在墊子或地毯上，趴着。

3. 媽媽也趴下來，對寶寶說：「寶寶，我們來比賽，看誰能先拿到玩具。」

4. 在引導、鼓勵寶寶爬行的時候，先讓寶寶爬出一段距離，媽媽再開始追趕。

對寶寶的益處

爬行，是寶寶成長過程中的重要里程碑。爬行對寶寶智力的發展、身體運動能力的發展都有着不可低估的作用。龜兔賽跑這一遊戲，不但會使得寶寶在遊戲過程中爬行能力得到鍛鍊，而且會促進寶寶整體運動能力。更為重要的是，讓寶寶參與到遊戲中，並且獲得最終的勝利，有利於寶寶自信心及人際交往智能的發展。

注意事項

- 選擇軟質、無棱角的玩具。
- 爬行的距離控制在2米左右。
- 讓寶寶爬到目的地才是遊戲的真正目的，而不是真的看誰先拿到玩具。

這樣玩，孩子智商高 情商高

蟲蟲飛

遊戲道具	無	遊戲時間	寶寶精神及情緒較好時	遊戲場地	室內，床上或墊子上

遊戲步驟

1. 媽媽和寶寶面對面坐好。媽媽雙手分別握住寶寶的食指，唱兒歌「點蟲蟲、蟲蟲飛」，並幫助寶寶將左右手的食指碰撞一次。

2. 唱「飛呀飛呀飛走了」，幫助孩子做兩手從中間向兩側飛走的姿勢。

3. 將步驟1~2的動作連續做3~5次後，嘗試着放開握住孩子的手，大部分寶寶會有意識地跟着兒歌做相應動作，表示想玩遊戲。此時，媽媽要給以相應的鼓勵。

對寶寶的益處

手是人類的「第二個大腦」，活動雙手能促進大腦思維的發展。「蟲蟲飛」是一款簡單有趣的手指遊戲，媽媽和寶寶在玩這一遊戲的時候，通過手指尖的活動，鍛鍊寶寶手指分化能力，提高寶寶小手精細動作。

注意事項

- 對7~9個月的寶寶來說，兩手指尖的碰撞有一定的難度，因此媽媽應當有耐心，並且要予以積極的引導和鼓勵。
- 做了兩三遍上述動作後，媽媽應該嘗試減輕握住寶寶手指的力量，讓寶寶自己去做相應的動作，並慢慢地放開手。

聽音樂，拍氣球

遊戲道具	氣球、小鈴鐺、音樂播放器	遊戲時間	寶寶精神及情緒較好時	遊戲場地	室內

遊戲步驟

1 在室內較為寬敞的地方，放一張椅子，然後在椅子的正前方懸掛一個綁上鈴鐺的氣球。氣球的高度以寶寶伸手能輕鬆觸到為宜。

2 媽媽抱着寶寶坐在椅子上，讓寶寶面對懸掛的氣球。

3 打開音樂播放器播放音樂，握住寶寶小手，根據音樂的節奏輕輕拍打氣球。

4 在拍打了一段時間後，媽媽放開手讓寶寶自己拍打。

對寶寶的益處

和寶寶玩這一遊戲，不但能提升寶寶對於音樂的感受能力，還因為所做的是配有節奏的動作，可培養寶寶音樂節奏感，鍛鍊寶寶的肢體動作協調能力。

注意
事項

● 氣球不宜吹得過大，以免破裂嚇到或傷到寶寶。
● 在遊戲的過程中，媽媽應當不斷地鼓勵寶寶，並且將自己快樂的情緒傳遞給寶寶，並嘗試讓寶寶自己拍打。

齒輪轉動

手部肌肉力量和對語言理解能力的訓練

遊戲道具	齒輪玩具	遊戲時間	白天	遊戲場地	墊子或地毯上

✵ 遊戲步驟

1. 將齒輪單個放在嵌板上,家長抱寶寶坐在齒輪前面,用手示範撥動,家長語言跟進,例如「黃色的輪子轉一轉」等。

2. 嘗試兩個齒輪相連,讓寶寶撥動。

3. 可以練習拿下來、放上去,不管寶寶做哪個動作,不管是有意識還是無意識的,家長都需要對動作做語言描述。

4. 隨手部肌肉群力量的增加,我們陸續增加齒輪的數量,還可以從中間缺少一個齒輪,寶寶撥動後讓孩子觀察變化,然後讓寶寶將缺少的齒輪放入,再觀察。

◎ 對寶寶的益處

通過小手抓取撥動,訓練寶寶小手的控制能力,媽媽對顏色的描述能促進寶寶進行顏色認知,再通過齒輪相連轉動,缺少轉動,鍛鍊寶寶的邏輯思維能力及解決問題能力,媽媽和寶寶的互動還可以提高寶寶對語言的理解能力,密切親子關係,從而訓練寶寶的情商。

注意事項

家長一定要注意,這個年齡段的寶寶是語言積累期,不管寶寶做甚麼動作,家長都要在旁邊做語言輔助跟進工作,通過你的語言,寶寶才能對事物、動作進行認知。

翻山越嶺

> 運動、肢體協調能力、語言感受和表達能力的訓練

遊戲道具	棉被、枕頭	遊戲時間	寶寶精神及情緒較好時	遊戲場地	室內，床上或墊子上

遊戲步驟

1. 媽媽先在床上或墊子上用棉被、枕頭堆成山的模樣。

2. 將寶寶抱到床上或墊子上，指着棉被或枕頭堆成的山，對寶寶說：「這是一座高山，寶寶我們來爬山。」

3. 寶寶爬上被子後，讓寶寶休息一會兒，媽媽表示很高興，並將自己的情緒傳遞給寶寶。

4. 對寶寶說：「寶寶加油，爬到山的那邊去。」

5. 在寶寶爬過「小山」後，媽媽弓着身體藏在「小山」的這邊，寶寶躲藏在「小山」的那邊。媽媽此時要呼喚寶寶的名字，寶寶喊媽媽。

對寶寶的益處

此遊戲是非常好的親子益智遊戲，不僅能有效地提升親子關係，還使得寶寶身體各部位都得到很好的活動，有益於動作協調能力的提高。另外，媽媽和寶寶之間的語言互動，能有效地提升寶寶的語言感受和表達能力。

注意事項

- 選擇床上為遊戲場所時，應將「小山」擺放在床的中間，以免寶寶在翻越的過程中，無法有效地控制身體而掉下床。
- 在孩子翻越的過程中，應多鼓勵並創造快樂的氣氛。

這樣玩，孩子智商高 情商高

72

會移動的毛毯

遊戲道具	毛毯，長約150厘米，寬約60厘米	遊戲時間	寶寶精神及心情較好時	遊戲場地	室內，墊子上

 **遊戲步驟**

1. 拿出墊子，讓寶寶平穩地坐在墊子上。

2. 媽媽面對着寶寶，抓住墊子的兩角，輕輕向前移動。

3. 在快要到墊子邊緣時停下，改變方向，繼續拉動。

4. 以上步驟2~3動作重複3~5次；方向不固定，可以前後左右各個方向拉動。

對寶寶的益處

讓寶寶坐在墊子上，媽媽拉動墊子，寶寶為了不讓自己摔倒，會在不知不覺中保持自己的身體平衡，使得平衡能力得到鍛鍊。而寶寶坐在墊子上，突然墊子移動了，寶寶可能會害怕、緊張，媽媽及時予以引導、鼓勵後，寶寶發覺到沒有危險，膽量也會慢慢變大。

 注意事項

- 在剛剛開始拉動墊子時，寶寶可能會害怕。此時媽媽應當予以相應的鼓勵和引導。最好的方式就是用寶寶喜歡聽的一些兒歌來緩解寶寶的緊張。

- 媽媽在拉墊子時，速度要保持均勻，改變方向時，要注意寶寶是否坐穩。

媽媽與7~9個月寶寶一起玩的遊戲

小小船兒晃呀晃

平衡能力及
空間體驗的訓練

遊戲道具	浴盆	遊戲時間	寶寶洗澡的時候	遊戲場地	室內，浴室

遊戲步驟

1. 先在浴缸放入適量的水，然後把寶寶洗澡的浴盆放到浴缸中，放半盆水。

2. 將寶寶抱到浴盆中，邊給寶寶洗澡，邊唱童謠：「小船兒，搖啊搖，搖到外婆橋，外婆誇我好寶寶……」

3. 在搖晃浴盆的時候，媽媽要根據童謠的節奏晃動。開始的時候寶寶可能會緊張、害怕，媽媽搖晃的力度和幅度要輕緩一些。

對寶寶的益處

　　此遊戲可以很大程度地鍛鍊寶寶的膽量，並可以使得寶寶的身體平衡能力得到鍛鍊。除此之外，還可以對寶寶的大腦神經帶來刺激，有利於寶寶腦細胞的發育。

注意事項

媽媽要控制好遊戲的時間，避免寶寶着涼而感冒。

在搖晃的過程中，媽媽要注意觀察寶寶，防止寶寶從浴盆滑到浴缸而嗆水。

叫到誰，誰就點點頭

遊戲道具	寶寶平時常玩的玩具2~3件	遊戲時間	白天、晚上均可	遊戲場地	室內

遊戲步驟

1. 將寶寶的玩具分別起名，如小金豆、小銀豆。

2. 跟寶寶說明遊戲規則：媽媽、寶寶和玩具小金豆、小銀豆坐在一排，由媽媽叫名字，叫到誰的名字，誰點點頭。

3. 媽媽先給寶寶做示範，喊「媽媽」，然後點點頭。

4. 開始遊戲，媽媽可以喊「媽媽」，寶寶的名字，或者是玩具小金豆、小銀豆，在叫到誰的名字時，誰就要點點頭。

5. 在開始的時候，喊到小金豆、小銀豆時，媽媽拿起相應的玩具，做點頭動作。寶寶熟悉遊戲後，可以讓寶寶幫助其中的一件玩具點頭。

對寶寶的益處

此遊戲可以讓寶寶熟知自己的名字，建立起初步的自我意識。而在叫到誰的名字誰點頭的時候，還可以鍛鍊寶寶的聽覺注意力、語言理解能力及反應能力。

注意事項

- 在玩這個遊戲之前，要事先讓寶寶熟知自己的名字。
- 在寶寶沒能按照遊戲規則做的時候，要給予寶寶適當的懲罰，如暫時不讓寶寶參與到遊戲中，看媽媽玩遊戲。

媽媽與7~9個月寶寶一起玩的遊戲

75

第四章

媽媽與10~12個月寶寶
一起玩的遊戲

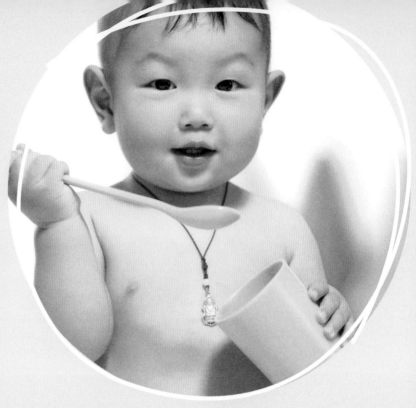

生長發育特點 10~12個月寶寶

10個月寶寶

認知能力

寶寶開始觀察物體的形狀、大小、構造；能夠認出熟悉的人和物品；開始會看鏡子裏的形象，通過看鏡子裏自己，能意識到自己的存在；學會了察言觀色，尤其是對爸爸媽媽的表情，有比較準確的把握。

語言能力

有的寶寶能夠叫「媽媽」、「爸爸」了，能夠主動用動作語言與爸爸媽媽交流；寶寶開始進入說話的萌芽階段，喜歡模仿別人的聲音。

動作能力

寶寶爬行速度很快，能夠獨自站立片刻，在媽媽的幫助下或者扶着欄杆時可以挪步；會隨意活動自己的手指，開始喜歡扔東西。

社交能力

寶寶會主動親近其他的寶寶；喜歡被誇獎，變得更加自信；自我意識開始萌芽，喜歡用自己的方式表達需求。

11 個月寶寶

寶寶視覺能力已經很強了，可以讓寶寶在圖畫書上開始認圖、認物等；開始懂得選擇玩具；逐步建立事物間的因果關係；認識日常的生活用品。

寶寶已經能準確理解簡單詞語的意思，能夠用動作語言表達詞義，如豎起手指表示自己一歲。

寶寶能夠自己扶着東西站起來；能把扔出去的玩具撿起來；手的動作靈活性明顯提高，會使用拇指和食指捏起小東西。

自我意識開始出現，不喜歡媽媽抱別的寶寶；喜歡和父母一起玩遊戲；與人交往的能力增強，喜歡和成年人交往並模仿他們的動作。

12 個月寶寶

寶寶開始了解不同物品的功用；能夠聽懂父母的一些簡單要求並完成；能有意識地集中注意力，在媽媽的指導下可以找出圖畫書中自己熟悉的動物和人物。

寶寶對說話的注意力日益增加，能夠對簡單的語言要求作出反應；喜歡用單詞表達意思，媽媽應鼓勵寶寶說出來。

寶寶不需要媽媽的牽引就能獨自走幾步了，站起、坐下變得很自如，能夠彎腰撿地上的東西，還會試着爬到高處去。

寶寶開始對外面的世界感興趣，喜歡和其他寶寶親近、玩遊戲，表現出初步的社交意識；自我意識增強，願意學習自己吃飯、拿杯子喝水；不再一味用哭鬧表達自己的需要。

手機響了

遊戲道具	玩具手機 2 個	遊戲時間	寶寶醒着的時候，隨時都可以進行	遊戲場地	室內、室外均可

遊戲步驟

1. 媽媽和寶寶面對面隔着一定的距離，站着或坐着均可。

2. 媽媽拿起玩具手機，對着手機說：「餵，是寶寶嗎？」

3. 媽媽放下玩具手機，到寶寶身邊拿起寶寶的玩具手機，說：「是啊！是媽媽嗎？」

4. 媽媽放下寶寶的玩具手機，再拿起自己的玩具手機回答，問一些其他的事。在這個過程中，媽媽分別扮演兩個角色：寶寶、媽媽，說的都是寶寶生活中的事。

5. 在說了一段時間後，媽媽說：「寶寶，媽媽有點事要處理，我們下次打電話再聊。」然後扮演寶寶，說：「好的，再見！」

對寶寶的益處

語言智力高的人，對於語言都有着強烈的好奇心。打電話的遊戲，通過媽媽一人扮演兩個角色之間的對話，可以激發出寶寶對語言的興趣，而所說的都是寶寶日常生活中相關的事，又能加強寶寶對一些語言的理解。另外，手機是現今人際交往的工具，打電話是最普通的聯繫溝通方式，寶寶在遊戲的過程中對此也會有一定的感受和認知。

注意
事項

在通電話的過程中，媽媽應該多說一些如「尿尿」、「餓了」、「高興」、「漂亮」等，幫助寶寶認識生活的詞語。

寶寶愛看書

閱讀理解及語言組織能力的訓練

遊戲道具	繪本	遊戲時間	白天或晚上睡覺之前	遊戲場地	室內

遊戲步驟

1. 媽媽抱着或者跟寶寶坐在一起，拿出事先準備好的繪本。

2. 引導寶寶看書中的圖片。

3. 在引起寶寶興趣後，給寶寶讀繪本中的內容。

4. 在讀到繪本中有關於可愛的小動物，如小貓咪、小狗等時，停下來模仿動物的叫聲和動作，並鼓勵寶寶模仿。

對寶寶的益處

　　在給寶寶讀繪本講故事的時候，是媽媽陪同寶寶度過的最美好的時光。媽媽給寶寶讀繪本，不僅會使得寶寶與媽媽之間的親情交流更進一步，同時還能培養寶寶的語言理解能力以及豐富寶寶的語言詞彙，有利於寶寶以後的語言學習及跟他人的交流。

注意事項

- 防止寶寶把繪本搶過去，撕或吃。為了引起寶寶的閱讀興趣，所選擇的繪本，畫面應當色彩鮮艷一些，並且有寶寶喜歡的可愛的小動物形象。

- 在向寶寶閱讀繪本內容的時候，因為寶寶的理解能力有限，並且缺乏耐心，媽媽不應照本宣科地閱讀內容，而應該以對話的方式跟寶寶交流，幫助寶寶理解。

媽媽與10～12個月寶寶一起玩的遊戲

套紙杯

遊戲道具	空的紙杯 5 個	遊戲時間	白天	遊戲場地	室內，墊子或地毯上

遊戲步驟

1. 將紙杯一字排開，杯口朝下，倒放在墊子或地毯上。讓寶寶坐在紙杯的前面。

2. 給寶寶做示範：拿起一個紙杯套在另一個紙杯上。同時唱自編的兒歌：「小手指、真靈活，小杯子，疊一疊，一個一個往上疊，疊成小山一座座。」

3. 讓寶寶模仿媽媽的動作。在開始的時候，寶寶可能套不好。此時，媽媽不要着急，應當微笑地看着寶寶，予以鼓勵。

對寶寶的益處

套紙杯的遊戲，既可以鍛鍊寶寶手部的精細活動能力，還可使得寶寶的手眼協調能力得到鍛鍊。同時，水杯數量的變化，可以加強寶寶對數量和高矮的認知。

注意事項

選擇的紙杯，開口盡量大一些，方便寶寶能完成套紙杯的動作。

在套紙杯的過程中，要引導寶寶注意觀察紙杯數量的變化。

這樣玩，孩子智商高　情商高

神奇泥膠

遊戲道具	不同顏色的泥膠和模具若干	遊戲時間	白天、晚上均可	遊戲場地	室內，墊子或地毯上

遊戲步驟

1. 協助寶寶坐在泥膠玩具的面前，並幫助寶寶打開泥膠的包裝紙。

2. 用手捏泥膠，並鼓勵寶寶去感受泥膠。

3. 給寶寶示範：將泥膠按到模具中，然後取出來。問寶寶這是甚麼。如，按出來的圖案或形狀是蘋果，先不要說是蘋果，而是說其他的水果——桃子、梨、西瓜……然後再說到蘋果，看寶寶是不是點頭，或者用含糊不清的語言回答「是」。

4. 把泥膠和模具交給寶寶，媽媽在一旁協助。寶寶每按出一個圖案或者物品的形狀後，使用3的方法，引導寶寶。

對寶寶的益處

在這個遊戲中，媽媽可以通過寶寶按圖案的活動鍛鍊寶寶手部的精細運動能力，同時，在互動的過程中，媽媽以恰當的語言進行引導，可以激發寶寶的語言組織能力、表達能力及想像力。

注意事項

在遊戲的過程中，媽媽一定要看好寶寶，防止寶寶將泥膠塞到嘴裏，吃掉泥膠。

媽媽與10～12個月寶寶一起玩的遊戲

小豆豆大搬家

手指抓握及
精細動作能力

遊戲 道具	小碗2個， 豆豆半碗	遊戲 時間	白天，寶寶醒 來，光線較好 時	遊戲 場地	室內，墊子 上

遊戲步驟

1. 將2個小碗和豆豆等道具放在墊子上。

2. 讓寶寶坐在2個小碗前，裝有豆豆的碗放在寶寶的左邊。

3. 媽媽先做示範：張開右手五指，將左邊碗中的豆子輕輕地抓起來，放入右邊的碗中，直到豆豆全部抓完。

4. 握着寶寶的小手抓豆豆，並放到空的碗中。

5. 抓了幾次後，放開寶寶小手，讓寶寶自己去做。當豆豆掉到碗外面時，媽媽應予以提醒。

6. 豆豆全部放到空碗後，遊戲結束。

對寶寶的益處

這一遊戲能訓練寶寶手指的靈活性，可以促進寶寶手指精細動作的發展，能讓寶寶做出更為精準的動作。

注意
事項

在寶寶玩遊戲的時候，媽媽一定要在旁邊仔細觀察，以免寶寶將小豆豆放到嘴中。

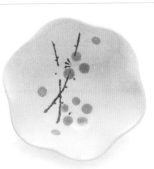

這樣玩，孩子智商高 情商高

玩具歸歸類

生活習慣、辨別分類及邏輯思維的訓練

遊戲道具	寶寶平時玩的玩具，紙箱若干	遊戲時間	白天，寶寶醒來，光線較好時	遊戲場地	室內，墊子上

遊戲步驟

1. 將寶寶平時玩的玩具及紙箱放在墊子上。

2. 帶寶寶將顏色相同或相近的玩具找出來，放在同一個箱子內。可以語言引導，也可幫忙。

3. 寶寶將玩具分類歸納完成後，媽媽再進行整理。

對寶寶的益處

　　讓寶寶在眾多的玩具中尋找到相同顏色的玩具，是對寶寶觀察力及分辨歸類能力的一種鍛鍊，也是對寶寶邏輯思維能力的有效訓練。不僅如此，這一遊戲也有利於培養寶寶拿東西要放回原處的良好生活習慣。

注意事項

- 在遊戲的過程中，寶寶可能會失去耐心。此時，媽媽應該想辦法提高寶寶的遊戲興趣，可以和寶寶展開比賽，如寶寶收拾紅色的玩具，媽媽收拾藍色的玩具，看誰收拾得又快又好。

- 在遊戲的過程中，媽媽可以給寶寶提供幫助，但是始終要以寶寶的行動為主。

媽媽與10～12個月寶寶一起玩的遊戲

五隻小狗汪汪叫

自我認知、數字、語言感受和理解能力的訓練

遊戲道具	無	遊戲時間	寶寶睡醒的時候，隨時	遊戲場地	室內，較為安全的場所

遊戲步驟

1 讓寶寶光腳坐着或站着。

2 媽媽用雙手摸着寶寶的腳趾，順序為從大腳趾到小腳趾。

3 在摸腳趾的同時，媽媽唱兒歌「一隻小狗，兩隻小狗，三隻小狗，四隻小狗，五隻小狗汪汪叫」，一邊一個個地扳腳趾，當唱到五隻小狗汪汪叫時，讓寶寶抬起被摸腳趾的腳。

4 一隻腳做完後，接着做另一隻腳。連續做2~3次後，遊戲結束。

對寶寶的益處

處在這一階段的寶寶自我意識漸漸萌發，而對自我的認知，往往是從自身的五官、肢體開始的。這一遊戲讓寶寶能認識到自己的雙腳，有利於自我意識的形成。通過語言的刺激，寶寶對數字也有了一個初步的概念。

注意事項

在寶寶抬腳的時候，要注意安全，防止寶寶摔倒。

神奇的手指點畫

認識、辨別顏色，
精細動作的訓練，
激發孩子的想像力

遊戲道具	紅、黃、藍水粉顏料，大白紙，碟子	遊戲時間	白天	遊戲場地	室內，較為寬敞的場所

 遊戲步驟

1. 將紅、黃、藍三種顏色的顏料分別裝入碟子中。

2. 鋪開大白紙，先畫好樹幹。

3. 跟寶寶蹲在畫好樹幹的大白紙前，對寶寶說：「春天到了，大樹要長葉子了，寶寶我們一起來幫大樹長出葉子好嗎？」

4. 給寶寶做示範：張開右手，並浸入裝有顏料的碟子中，輕輕地提起，然後在大白紙上的樹幹旁按一下，說：「你看葉子長出來了，寶寶快來幫忙吧！」

5. 先協助寶寶按上幾片「樹葉」，然後讓寶寶自己玩。

6. 在寶寶按出不同顏色的「樹葉」時，告訴寶寶，然後對寶寶說：「寶寶，畫一片藍色的葉子」或「畫一片紅色的葉子」，讓寶寶自己辨別、尋找相應的顏色。通過媽媽的語言跟進，寶寶可以對顏色進行學習。

對寶寶的益處

這個遊戲可以讓寶寶對紅黃藍三種基本顏色有一個初步的認知；用手掌按出五顏六色及形狀各異的樹葉，有助於開發寶寶的想像力。

注意事項

 在遊戲的過程中，一定要留意寶寶的動作，不要讓孩子將顏料吃到嘴裏。

媽媽與10～12個月寶寶一起玩的遊戲

在左手還是在右手

遊戲道具	寶寶喜歡的小玩具	遊戲時間	白天、晚上，寶寶睡醒後，精神狀態較好時	遊戲場地	室內、室外均可

遊戲步驟

1. 和寶寶面對面坐着，先用右手拿着寶寶喜歡的玩具，逗引寶寶。

2. 當吸引住寶寶的注意，且寶寶玩得很高興的時候，當着寶寶的面將玩具交到左手，並藏在身後。

3. 裝作很奇怪的樣子問寶寶：「寶寶，玩具去哪裏了，可以幫媽媽找找嗎？」

4. 媽媽指着上方，逗引寶寶向上看，說：「在天上。」然後搖搖頭，說：「沒有。」

5. 接着指着地面，逗引寶寶向地面看，說：「在地上。」搖搖頭，說：「也沒有。」

6. 伸出右手，說：「在右手。」搖搖頭，說：「還是沒有！」

7. 然後伸出左手，說：「在左手。」搖搖頭，說：「還沒有啊！」

8. 媽媽問：「寶寶，玩具到底在哪裏？」直到寶寶自己爬到媽媽背後，將玩具拿出來。

對寶寶的益處

媽媽和寶寶在玩這個遊戲的時候，通過具有耐心的循序誘導，不僅能讓寶寶對空間概念有所認知，還能激發寶寶的好奇心及主動學習的潛能。平時多和寶寶玩這種類型的遊戲，可以促進寶寶運動、思維能力的發展。

注意事項

在逗引寶寶尋找玩具的過程中，媽媽要表現出真的不知道玩具在哪裏，需要寶寶幫忙的樣子。

滑滑梯

遊戲道具	無	遊戲時間	白天、晚上均可	遊戲場地	室內、室外均可

遊戲步驟

1 媽媽與寶寶面對面，寶寶跨坐在媽媽膝蓋上。

2 媽媽雙手扶住寶寶腋下，一邊唱兒歌：「滑滑梯、滑滑梯，你先我後別着急；上來好像爬高山，爬了一級又一級」，一邊讓寶寶隨着兒歌的節奏進行晃腿、屈膝、伸腿、坐起等動作。

3 然後將寶寶拉起，回到原來坐的位置，繼續下一次的向下滑行。

對寶寶的益處

　　這個遊戲可以鍛鍊寶寶的膽量，同時在自編的兒歌中加入數字，有利於寶寶認知數字，形成數字概念。

注意事項

在遊戲的過程中，媽媽要注意保護寶寶，防止寶寶摔倒。
寶寶第一次做向下滑行的動作時，媽媽要抓緊寶寶的雙手，以減緩向下滑行的速度。

媽媽與10～12個月寶寶一起玩的遊戲

盒子裏面有甚麼

觀察能力及獨立思考能力的訓練

遊戲道具	鞋盒、鈴鐺、細繩、剪刀	遊戲時間	白天、晚上均可	遊戲場地	室內，墊子或地毯上

遊戲步驟

1. 用細繩繫住鈴鐺，然後用剪刀剪開鞋盒較短的一邊的紙板，將鈴鐺放進去，合上鞋盒，確保有一段繩子留在鞋盒外。

2. 拿着盒子去逗引寶寶，輕輕晃動，讓盒子裏面的鈴鐺發出聲音。

3. 成功吸引寶寶的注意力後，將盒子放在寶寶的面前，然後拉動留在外面的繩子將鈴鐺拉出來。

4. 在寶寶還沒有要鈴鐺的時候，把鈴鐺重新放回盒子內。然後，繼續輕輕晃動，讓寶寶聽到裏面發出的鈴鐺聲。

5. 將盒子給寶寶，仔細觀察寶寶的表現，看看寶寶如何拿出盒子內的鈴鐺，看看他們是不是會用媽媽剛才用的拉繩子取出鈴鐺的辦法。

對寶寶的益處

對於未知的東西，寶寶總是會表現出濃厚的興趣。把鈴鐺放到盒子裏面，能成功地吸引寶寶的注意，讓寶寶有興趣繼續這個遊戲。通過這個遊戲，媽媽事先的示範，以及寶寶自己想辦法將盒子中的鈴鐺取出來，能很好地鍛鍊寶寶的觀察及獨立思考能力。

注意事項

在寶寶想辦法，動手去取盒子內的鈴鐺時，媽媽只需在一旁觀察就可以了，千萬不要打擾寶寶。

搭積木，推城堡

受挫能力、自信心培養及自我認知的訓練

遊戲道具	兒童積木	遊戲時間	白天、晚上均可	遊戲場地	室內，墊子或地毯上

☼ 遊戲步驟

1. 將寶寶的積木放到墊子或地毯上。

2. 引導寶寶跟自己一起搭積木，開始的時候協助寶寶，在搭建幾塊後讓寶寶自己動手搭建。

3. 當寶寶的積木搭建到一定高度的時候，趁寶寶不注意時抽掉其中的幾塊，然後拿起寶寶的小手，將搭建好的積木全部推倒。

4. 繼續引導寶寶，讓寶寶用積木搭建城堡，然後繼續推倒。

◎ 對寶寶的益處

在整個遊戲過程中，搭建的工作以寶寶為主導，媽媽不要輕易幫忙，並且還要巧妙地加以破壞，直到寶寶搭建的城堡越來越高。這個遊戲不但可以鍛鍊寶寶的受挫能力，還能有助於幫助寶寶建立自信。

注意事項

當推倒寶寶辛辛苦苦搭建好的積木寶塔時，寶寶可能會哭泣。媽媽在安撫的同時要積極引導，讓寶寶調整心態，重新去搭建。

媽媽與10～12個月寶寶一起玩的遊戲

第五章

媽媽與1~1.5歲寶寶
一起玩的遊戲

1~1.5 歲寶寶 生長發育特點

1~1.5歲寶寶

認知能力

1歲的寶寶模仿能力很強，記憶時間短，注意力集中時間也很短，不過到寶寶1歲半時已經能夠集中注意力觀看動畫或圖畫書，並能夠記住動畫中的部分內容。

語言能力

對語言的理解能力增強，能夠說出10~20個單詞，可以準確地理解一些簡單語句的意思；開始明白、理解一些簡單故事、兒歌的含義；1歲半時，有的寶寶能跟媽媽順利的溝通。

動作能力

可以穩穩當當地站立，並能夠獨立行走了，只是步態有些東歪西倒；能夠自己拿匙羹吃飯、拿杯子喝水，用遙控器開電視機；自己學習穿鞋子，會搭積木，用棍子穿起木珠。

社交能力

「自私」性明顯，不願與別人分享喜歡的玩具和親人；自主意識增強，有自己的願望和喜好，喜歡說「我的」，學會了反抗媽媽和鬧脾氣。

拍拍手，踏踏腳

語言理解及肢體動作協調的訓練

遊戲道具	播放器，《幸福拍手歌》的音樂檔案	遊戲時間	寶寶精神狀態較好時	遊戲場地	室內，床上、墊子或地毯上

遊戲步驟

1. 跟寶寶面對面地坐下。

2. 播放《幸福拍手歌》的音樂，帶着寶寶念歌詞，「如果感到幸福，你就拍拍手……」並示範做相應的動作。如在唱到「你就拍拍手」時，向寶寶示範拍手的動作，並提示寶寶跟着一起做。

對寶寶的益處

在輕柔的音樂中，引導和鼓勵寶寶跟着念歌詞以及做相應動作，既是對寶寶語言理解能力的鍛鍊，同時也是對寶寶的動作和語言協調能力的鍛鍊。

注意事項

- 在遊戲的過程中，媽媽要積極引導，讓寶寶理解歌詞的意思，並跟着一起做相應的動作。
- 遵循由慢到快的順序，在開始的時候，媽媽要控制好節奏，節奏太快，寶寶跟不上，會失去參加遊戲的興趣。

媽媽與 1 ~ 1.5 歲寶寶一起玩的遊戲

我說，你也說

遊戲道具	動物造型類小玩具	遊戲時間	白天、晚上均可	遊戲場地	室內，墊子或地毯上

遊戲步驟

1. 和寶寶面對面坐下，拿出小玩具逗引寶寶。通過玩具，模仿玩具的聲音跟寶寶對話，如：「寶寶，寶寶，你好，我是小熊。」

2. 在成功地吸引寶寶的注意，引起寶寶的興趣後，依然用玩具熊的口吻跟寶寶說話，提出要跟寶寶做一個遊戲：媽媽說甚麼，寶寶跟着學。

3. 從簡單、容易發音的語言開始，如「你好！」要求寶寶跟着學，慢慢地增加難度，根據實際的情況，還可以加入一些朗朗上口、通俗易懂的詩詞，如駱賓王的《鵝》「鵝鵝鵝，曲項向天歌。白毛浮綠水，紅掌撥清波。」

對寶寶的益處

不斷地重複，讓寶寶跟着媽媽說，鍛鍊的是寶寶的語言表達能力。同時，在互動的過程中，媽媽根據實際情況加入相應的內容，有利於寶寶人際交往智能的一種開發。另外，適時地加入一些古詩詞，可以在不知不覺中讓寶寶受到傳統文化的薰陶，起到提升寶寶的品味和鑒賞能力的作用。

注意事項

互動，增加趣味性，讓寶寶覺得有趣，是媽媽在跟寶寶遊戲中所必須遵循的原則。同寶寶做這個遊戲時，媽媽可以改變說話的聲音，讓寶寶聽起來覺得很好玩。

撕呀撕麵條

手指動作、精細動作及手眼協調能力的訓練

遊戲道具	各種顏色的面紙若干張，小碗1個	遊戲時間	白天	遊戲場地	室內

🌀 遊戲步驟

1. 準備好面紙和小碗，跟寶寶坐在面紙和碗的旁邊。

2. 對寶寶說：「寶寶，麵條好吃嗎？我們一起來做麵條吧！」

3. 拿起一張面紙，給寶寶做示範：先將面紙對摺，用雙手的拇指和食指捏住紙的兩端，輕輕一撕，撕出一條細細長長的「麵條」。然後將「麵條」放到碗中。

4. 讓寶寶根據自己的示範去撕「麵條」。在開始的時候可以提供相應的協助，然後讓寶寶自己動手去做，當寶寶做得不錯的時候，予以鼓勵。

◎ 對寶寶的益處

在撕「麵條」的過程中，寶寶手指動作的靈活與協調可以得到訓練，寶寶的手指精細動作得到發展。寶寶的手眼協調能力得到鍛鍊。有研究表明，手指與大腦之間存在着非常廣泛的聯繫，如果寶寶手指非常靈活，觸覺會更敏感，會更聰明、更加具有創造性，思維也會更加開闊。因此，建議媽媽和寶寶多玩這一遊戲。

注意事項

防止寶寶將面紙撕的「麵條」當成真麵條，吃到嘴中。

媽媽與1～1.5歲寶寶一起玩的遊戲

眼力大考察

遊戲道具	小動物或者水果圖片卡，A4白紙	遊戲時間	白天，較為安靜的時候	遊戲場地	室內，墊子或地毯上

 遊戲步驟

1 把圖片卡和白紙先放到墊子或地毯上，然後同寶寶一起坐下。

2 拿出圖片卡，讓寶寶一張張看，並問圖片上畫的是甚麼。

3 引導寶寶，對寶寶說：「我們一起來玩一個好玩的遊戲，看看寶寶能不能猜出來圖片上是甚麼。」同時，用白紙蓋住圖片。

4 在寶寶盯着白紙看的時候，暫時不要打擾他，可以慢慢地移動白紙，露出圖片卡中的一部分。此時，寶寶的興趣更濃，更加想要知道圖片中是甚麼。媽媽應當引導寶寶去猜，讓寶寶說。

5 在一邊引導寶寶猜的過程中，一邊慢慢移動白紙，當畫面的大部分內容露出後，寶寶也就會說出圖片上畫的是甚麼了。

 注意事項

圖片卡的選擇，應是寶寶以前玩過的且熟悉的卡片。

● 所選的圖片卡，畫面要簡單，並且容易辨認。

● 在讓寶寶猜的過程中，不要讓寶寶一下子就知道答案。

對寶寶的益處

以寶寶熟悉的圖片卡為遊戲道具，用白紙蓋住，一點點地讓寶寶看到圖片的內容，在鍛鍊寶寶記憶力的同時，還能激發寶寶的思維，鍛鍊寶寶的觀察辨別力。

拇指歌

遊戲道具	無	遊戲時間	寶寶精神狀態較好時	遊戲場地	室內

遊戲步驟

1 抱着寶寶面對面坐下。

2 一隻手握着寶寶的手,一隻手點寶寶的手指,從大拇指開始到小手指。一邊點着一邊唱童謠:「大拇哥,二拇弟,中三娘,四兄弟,小妞妞,來看戲,手心手背,心肝寶貝。」在唱到「手心手背」時,分別拍一下寶寶的手心和手背。

3 一隻手完了後,換另一隻手,兩隻手交替進行,並且讓寶寶跟着一起唸童謠。

對寶寶的益處

「大拇哥,二拇弟……」是中國流傳已久的童謠。媽媽邊唱着童謠,邊點數寶寶的手指,除了能讓寶寶對自我的雙手有一個認知外,還可以學習和認識數字,以及鍛鍊寶寶的語言表達能力。

注意事項

同寶寶玩這一遊戲時,媽媽要洗乾淨雙手,確保指甲整齊,以免在遊戲的過程中劃傷寶寶的肌膚。

● 為了增強遊戲的節奏感,增添遊戲的樂趣,媽媽可以選擇播放寶寶平時喜歡聽的,較為舒緩的音樂。

媽媽與 1~1.5 歲寶寶一起玩的遊戲

套指環

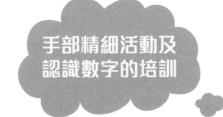
遊戲道具	彩色紙條若干	遊戲時間	無具體時間要求	遊戲場地	室內

 遊戲步驟

1 媽媽先將彩色紙條摺成10個小戒指。

2 跟寶寶面對面而坐,讓寶寶伸出一隻手來,然後抓住寶寶的手,將其中的一隻戒指套到寶寶的手指上,並且說「戒指,寶寶戴上了一個。」接着給寶寶的另一個手指戴上戒指,說「2個」,邊給寶寶套戒指,邊數數,直至10個手指都套上。

3 一個一個地取下寶寶套在手指上的戒指,同上面一樣邊取邊數數。

4 引導,鼓勵寶寶自己套戒指,在寶寶套戒指的時候,讓寶寶跟着自己一起數數。當寶寶順利套上戒指時,及時予以稱讚。

對寶寶的益處

寶寶往自己的小手指上套戒指,可以鍛鍊手部的精細活動能力,同時,跟着媽媽一起數數字,可以讓寶寶認識到1~10的簡單數字,有利於寶寶以後學習數學知識。

注意事項

在開始的時候,寶寶可能不會順利地套上戒指,可能會變得有些煩躁、着急。媽媽應當在一旁予以安撫、鼓勵。

小火車要拉貨

自信心培養、獨立思維開發的訓練

遊戲道具	玩具積木	遊戲時間	白天，環境較為安靜時	遊戲場地	室內，墊子或地毯上

☼ 遊戲步驟

1. 跟寶寶坐在墊子或地毯上，拿出玩具積木。

2. 引導寶寶，並跟寶寶一起將積木排成「小火車」。

3. 對寶寶說：「嗚嗚嗚，小火車來了，小火車要拉貨。」引導寶寶，在「小火車」上在疊一層。

4. 跟寶寶推「小火車」，然後停下，說：「嗚嗚嗚，小火車來了，小火車還要拉貨。」讓寶寶再疊一層。

5. 推「小火車」，停下，說：「嗚嗚嗚，小火車來了，小火車要卸貨。」讓寶寶取下一層積木。

6. 重複3~5的動作。

◎ 對寶寶的益處

寶寶在1~1.5歲的階段，自我意識逐漸增強，讓寶寶自己動手去做一些事情，有利於寶寶自信心的養成及自我獨立思維的開發。「小火車要拉貨」的遊戲，讓寶寶在遊戲中佔主導地位，媽媽只是在一邊協助，就能很好地達到這一目的。

注意事項

在開始推小火車時，媽媽應跟寶寶一起動手去做，寶寶熟悉了後，便要以寶寶為主導。

媽媽走，我也走

遊戲道具	無	遊戲時間	白天、晚上均可	遊戲場地	室內，墊子上

 遊戲步驟

1. 媽媽和寶寶脫掉鞋子只穿著襪子或光着腳，面對面地站着。

2. 媽媽讓寶寶站在自己的腳背上，並讓寶寶牽着自己的手。

3. 待站穩適應後，唱兒歌：「媽媽走，寶寶走，天南地北到處遊」，並同時移動雙腳帶着寶寶一起走。

4. 在寶寶熟悉、適應面對面的方式後，可以將寶寶換一個方向，繼續遊戲。

對寶寶的益處

此遊戲中需要媽媽和寶寶的配合，有利於形成寶寶與他人協調配合的觀念，並在潛移默化中提升寶寶的協調配合能力。

注意事項

 在寶寶換方向後，要注意抓緊寶寶的手臂，走動要慢一些，防止寶寶摔倒。

小小飼養員

生活動作技能、習慣，以及人際交往能力的訓練

遊戲道具	毛絨小動物玩具，小碗、匙羹各1隻	遊戲時間	白天	遊戲場地	室內

遊戲步驟

1. 將毛絨小動物玩具和其他的道具放到寶寶面前。

2. 對寶寶說：「小動物餓了，要吃飯了，寶寶能幫幫他嗎？」

3. 寶寶答應後，協助寶寶扶住裝有豆子的碗，拿起小匙羹舀起豆子，送到小動物的嘴邊，並發出「叭叭」的吃飯聲音。

對寶寶的益處

寶寶不好好吃飯，歷來是媽媽感到頭疼的問題。這一遊戲，讓寶寶模仿媽媽給小動物餵飯，可以讓寶寶體會到媽媽餵飯的辛苦，有利於幫助孩子建立起良好的生活習慣，不僅如此，餵飯的訓練還為寶寶今後獨立吃飯、掌握正確握匙羹做好了相應的技能準備。

注意事項

在遊戲過程中，注意不要讓寶寶把豆子放到嘴裏。

媽媽與 1～1.5 歲寶寶一起玩的遊戲

摘蘋果

手臂力量、
手眼協調能力的訓練

遊戲道具	小網，玩具水果，小籃子，萬字夾	遊戲時間	白天	遊戲場地	室內，靠牆壁較為寬敞的地方

遊戲步驟

1. 先將網展開掛在牆上，然後用萬字夾將玩具蘋果掛在網上。

2. 將籃子給寶寶，牽着寶寶的手來到網前，對寶寶說：「寶寶，秋天來了，你看有好多的蘋果啊。我們一起摘蘋果吧！」

3. 先給寶寶示範，摘下一個蘋果。

4. 協助寶寶摘下幾個蘋果，然後讓寶寶自己摘。在看到寶寶摘下蘋果後，表示高興並加以稱讚，說「寶寶真厲害」、「寶寶真了不起」類似的語言。

對寶寶的益處

寶寶在向上舉起手臂的時候，手臂肌肉和手眼協調能力得到鍛鍊。另外，在遊戲的過程中，媽媽可以通過語言讓寶寶知道自己愛吃的蘋果都是這樣從樹上摘下來的，會讓寶寶知道勞動的辛苦，知道蘋果的來之不易，對養成珍惜勞動果實有一定的益助。

注意事項

- 在往牆上掛網的時候，應儘量牢固，避免寶寶在摘蘋果的時候網掉下來，罩住寶寶。
- 網上的果子不宜掛得太高，以寶寶手臂上舉剛好碰到果子為宜。

撲蝴蝶

獨立行走、
手指抓握及手眼
協調能力的訓練

遊戲道具	筷子1隻，膠水、彩紙蝴蝶若干	遊戲時間	白天，天氣較好的時候	遊戲場地	戶外，寬敞的草坪上

☀ 遊戲步驟

1. 將彩紙做的蝴蝶用膠水黏在筷子上。

2. 在寶寶眼前輕輕晃動，像是蝴蝶在飛舞，去逗引寶寶來追捉蝴蝶。

3. 在寶寶追捉蝴蝶的過程中，為引起寶寶的興趣，媽媽可唱兒歌：「小蝴蝶，真美麗，張開翅膀飛呀飛，一時高，一時低，看看哪個寶寶能捉到。」

⊙ 對寶寶的益處

「蝴蝶」是不斷地「飛舞」的，寶寶只有做到手眼協調才能捉住，所以，這一遊戲也能很好地鍛鍊寶寶的視覺追蹤能力、頸部靈活性、手部方向控制能力。

注意事項

寶寶捉不到蝴蝶的時候，媽媽可以將蝴蝶故意湊到寶寶手中，並表現得非常高興，說：「寶寶真厲害，捉住了。」

小騎士騎大馬

遊戲 道具	無	遊戲 時間	無特殊 要求	遊戲 場地	室內、室外 均可

遊戲步驟

1. 讓寶寶坐在爸爸的頸肩上，雙手拉住爸爸的手。此時，寶寶可能會緊張、害怕，媽媽應面帶微笑並安撫、鼓勵寶寶。

2. 寶寶情緒穩定後，爸爸嘗試着向前走動，媽媽在後面扶着寶寶，並說：「小騎士，真勇敢，騎大馬，駕駕駕。」

3. 來回走了一段時間，寶寶適應後。媽媽可以引導寶寶，問寶寶是不是可以快一些。寶寶答應後，爸爸的步子可以邁大一些。

4. 寶寶漸漸適應後，爸爸可以增加動作難度，如蹲下起來、圓弧繞行等。

對寶寶的益處

這是較為傳統的親子類遊戲，需要爸爸配合。此遊戲，不僅有利於增進寶寶和爸爸之間的情感，還可以鍛鍊寶寶的膽量和身體平衡能力。

注意
事項

- 寶寶騎上爸爸的頸肩時，爸爸動作不要過快、過大。
- 為了安全起見，爸爸還應當用手抓住寶寶的雙腿，而媽媽則應該從後面輔助寶寶。

這樣玩，孩子智商高 情商高

嵌板

遊戲道具	水果或動物嵌板	遊戲時間	白天	遊戲場地	墊子或地毯上

遊戲步驟

1. 媽媽說出水果名稱,讓寶寶拿出對應的水果。

2. 家長示範將水果放入嵌板,讓寶寶觀察,然後引導寶寶將水果放入嵌板。

3. 最開始家長可以讓寶寶一個一個地練習,待寶寶熟練後,可以陸續加大難度,將嵌板上所有圖形拿下來,讓寶寶放入。

對寶寶的益處

嵌板放入時的轉動,鍛鍊寶寶小手的靈活性,同時也是對寶寶觀察力、對應能力的練習。

注意事項

注意循序漸進和語言上的引導,切不可操之過急。最開始讓寶寶觀察水果時,家長可以引導寶寶說出或直接說出水果的顏色、大小等,幫助寶寶判斷。

媽媽與 1～1.5 歲寶寶一起玩的遊戲

隧道旅行

身體協調平衡能力
及規則意識的訓練

遊戲道具	大紙箱若干、寶寶喜歡的玩具	遊戲時間	白天	遊戲場地	室內，地毯上

遊戲步驟

1. 將大紙箱兩側打開，擺放在地毯上，並連接成隧道，把寶寶喜歡的玩具放在隧道一邊的出口。

2. 引導寶寶彎腰鑽隧道，去拿隧道另一邊的玩具。

3. 寶寶鑽過隧道，拿到玩具後，媽媽要表現得高興，親吻並稱讚寶寶。

4. 在寶寶喜歡上這一遊戲後，逐漸加長隧道的長度及難度。如果在開始的時候是直道，就可以慢慢地增加彎道。

對寶寶的益處

鑽隧道的遊戲，可以讓寶寶學會彎腰、爬行的動作；另外在鑽隧道的過程中，需要彎腰、側身、手腳和身體配合，能讓寶寶全身動作協調性得到發展。另外，對寶寶不想鑽隧道就拿玩具行為的阻止，也讓寶寶對規則有了一定感知。

注意事項

- 在遊戲的時候，寶寶可能想早點拿到玩具而不會鑽隧道，此時媽媽一定要予以阻止，讓寶寶明白要想拿到玩具，就必須鑽過隧道。

- 在寶寶鑽隧道的時候，為了讓寶寶有興趣繼續這一遊戲，媽媽可以在一旁喊「加油」或說一些激勵寶寶的話。

這樣玩，孩子智商高　情商高

擰大螺絲

專注力、
手腕靈活度的鍛鍊

遊戲道具	各種顏色形狀的大螺絲	遊戲時間	白天	遊戲場地	室內，墊子或地毯上

🌞 遊戲步驟

1. 先讓寶寶觀察大螺絲，媽媽語言引導，紅色的螺絲、藍色的螺絲等，還可以描述螺絲的形狀。

2. 媽媽示範擰動螺絲，轉腕動作要誇張，讓寶寶觀察到動作的變化。

3. 把螺絲交給寶寶觀察，旋轉的時候媽媽要同時告訴寶寶：「擰一擰。」

🛡 對寶寶的益處

擰大螺絲遊戲有利於鍛鍊寶寶手腕靈活度，通過觀察螺絲的粗細、顏色、形狀等，寶寶的專注力、觀察力可以同時建立對應關係。

注意事項

隨着寶寶年齡的增長，家長可以找更小的螺絲。

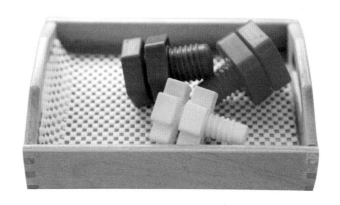

小汽車過獨木橋

語言理解及表達能力的訓練

遊戲道具	玩具汽車、紙箱各2個，硬紙板1塊	遊戲時間	無具體要求	遊戲場地	室內，墊子或地毯上

遊戲步驟

1. 跟寶寶一起動手，將硬紙板搭在兩個紙箱上，做成「獨木橋」。

2. 拿起寶寶的玩具小汽車，向寶寶示範從硬紙板的一頭推到另一頭，過獨木橋。可以同時唱自編的兒歌，如「小汽車，滴滴滴，過小橋，別心急。小橋窄、小橋直，小小司機看仔細。滴滴滴，滴滴滴，小車開到（九龍）去。」

3. 讓寶寶拿起另一個玩具汽車，用手推着過獨木橋。

4. 為了增加遊戲的樂趣和難度，媽媽可以和寶寶展開比賽，追趕寶寶的玩具汽車，或者是讓寶寶追趕媽媽的玩具汽車。

對寶寶的益處

媽媽和寶寶玩這個遊戲，可以讓寶寶手的靈活性及控制力得到很好的鍛鍊，有利於寶寶大腦的開發。自編的兒歌讓寶寶跟着唱念，不但能強化寶寶對一些事物的認識，還可以增強寶寶的語言理解及表達能力。

注意事項

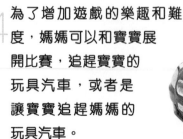

家長在說地名時，可以不斷地變化，寶寶會跟着一起說。通過模仿不同的地名，增加寶寶地名的儲備量。

這樣玩，孩子智商高　情商高

寶寶畫皮球

遊戲道具	玩具球，A4 紙，顏色筆若干	遊戲時間	白天，環境較為安靜時	遊戲場地	室內

遊戲步驟

1. 拿出玩具球、紙張等道具，放在茶几或寶寶用的小桌子上。

2. 引導寶寶觀察球，讓寶寶認識到球是圓形的。

3. 給寶寶做示範，拿起筆在A4紙上畫一個圓形，對寶寶說：「寶寶，你看，球是圓形的，這是圓啊！」

4. 握住寶寶的手，邊教寶寶畫圓，邊跟寶寶說：「小籃球，圓圓的。」

5. 圓形畫好後，引導寶寶用顏色筆給球塗顏色。

注意事項

在寶寶用顏色筆給圓塗顏色時，媽媽只需在一旁觀察就可以了，不要跟寶寶說應該用甚麼顏色之類的話，以免影響寶寶的思維。

對寶寶的益處

跟寶寶所玩的每一個遊戲，只需要媽媽引導好都能夠對寶寶的智力開發起到一定的作用。讓寶寶觀察球的形狀，然後畫圓，並且按照自己的想像給圓添上顏色，既是在有意識地培養寶寶的觀察力，也是對寶寶想像力的開發。

媽媽與 1～1.5 歲寶寶一起玩的遊戲

大串珠

手眼協調能力、
控制力的鍛鍊

遊戲道具	彩色大串珠	遊戲時間	白天	遊戲場地	室內，茶几或墊子上

遊戲步驟

1. 家長先描述串珠的形狀和顏色，讓寶寶用眼睛看，用手摸形狀。

2. 家長示範一隻手拿起串珠線頭的小棍，另一隻手拿好串珠，從串珠小孔插入小棍，從另外一頭拔出。

3. 讓寶寶自己完成串珠動作，穿的過程中家長可以語言跟進「串一個紅色的三角形，串一個藍色的正方形……」

對寶寶的益處

大串珠遊戲有利於鍛鍊寶寶小手肌肉群，以及手眼協調能力、控制能力，同時可以提高寶寶對顏色和形狀的認知。

注意事項

在寶寶串珠子的過程中，家長要注意將掉落在地上的珠子及時撿拾回來，以免遊戲後寶寶因踩到珠子而摔倒。

這樣玩，孩子智商高　情商高

快樂小司機

運動感及
空間方位的訓練

遊戲 道具	椅子 1 張	遊戲 時間	白天，環境較 為安靜時	遊戲 場地	室內

 遊戲步驟

1. 媽媽坐在椅子上，左手從後面環抱住寶寶。

2. 引導寶寶，「寶寶，這是小汽車，我們一起開車出去玩好嗎？」媽媽右手做轉動方向盤的姿勢。

3. 媽媽對寶寶說：「滴滴，小汽車開動了，寶寶快跟媽媽一起轉動方向盤，向左——向右——」，同時媽媽扶住寶寶的身體向相對應的方向微微傾斜。

對寶寶的益處

這個遊戲能培養寶寶的運動感覺，讓寶寶對運動時的空間感更熟悉，了解到自己所處環境的空間位置。

注意
事項

● 在開始遊戲的時候，媽媽說出方向的同時應輕輕地扶住寶寶的身體向相對應的方向傾斜，以協助寶寶掌握方向。提示幾次後，就讓寶寶自己把握方向。

● 在傾斜的時候，幅度不要太大，要防止寶寶從椅子上摔下來。

媽媽與 1～1.5 歲寶寶一起玩的遊戲

113

快樂保齡球

遊戲道具	玩具球，空的飲品瓶5個	遊戲時間	白天	遊戲場地	室內

遊戲步驟

1. 在客廳較為寬敞的地方，將空飲品瓶擺放在一起，成三角形。

2. 在距離擺好的空飲品瓶約50厘米的地方，滾動玩具球去撞擊空的飲品瓶，並對寶寶說：「1、2、3全打中。」

3. 將擊倒的空飲品瓶重新擺放好，讓寶寶用玩具球去撞擊。

4. 寶寶沒有擊倒空飲品瓶，要耐心地教寶寶怎樣才能順利地擊倒空飲品瓶。

5. 當寶寶做得比較好的時候，鼓勵他再接再厲。

對寶寶的益處

媽媽在向寶寶做了示範和講解了如何才能擊倒飲品瓶後，寶寶在遊戲的過程中會不斷地調整及尋找更好的辦法去擊倒飲品瓶，對於寶寶的獨立思考和解決問題的能力是一種很好的鍛鍊。

注意事項

所選用的飲品瓶，最好是塑膠的，並擰上蓋子。
玩具球應大一些，確保在滾動時能撞倒飲品瓶。

直線行走

遊戲道具	粉筆	遊戲時間	白天	遊戲場地	室內、室外均可

 遊戲步驟

1 在地上畫一條長約2米的直線。

2 牽着寶寶的手，向寶寶示範：沿着直線往前走。邊走邊唱：「小白線，直又長，小寶寶，沿線走，快又直。」

3 牽着寶寶的手，向寶寶示範幾遍後，讓寶寶自己沿着直線行走。當寶寶偏離直線時，要提醒寶寶。

4 當寶寶能基本把握走直線時，在旁邊再畫上一條直線，牽着寶寶的手，一人沿着一條直線行走，進行比賽。

對寶寶的益處

直線行走的遊戲，不僅能夠鍛鍊寶寶的行走能力，還因為要沿着直線行走，會加深寶寶對規則的認知。另外，歌謠中「線」、「長」、「直」等有利於寶寶認知空間幾何概念。

注意事項

- 在牽着寶寶手行走的過程中，要以寶寶的行動為主，在寶寶沒有出現大的偏離直線時，不要總是干涉。
- 在比賽的過程中，媽媽要學會故意輸給寶寶。

大小圓補洞洞

遊戲道具	硬紙板、剪刀、不同的顏色筆	遊戲時間	白天	遊戲場地	室內，墊子或地毯上

 遊戲步驟

1 用剪刀在硬紙板上剪下3~4個小圓，並用不同的顏色筆塗上顏色。

2 引導寶寶認識硬紙板上剪出的圓洞，告訴寶寶這是「圓」的。

3 拿出其中的一個小圓，繼續引導寶寶，並跟寶寶做示範：將小圓放到相應的圓洞中。

4 同寶寶一起做，拿起一個小圓，問：「寶寶，這個小圓應該放在哪裏呢？」此時，要讓寶寶主動去尋找。寶寶指着其中的一個圓洞後，即使是錯了也不要指出，而是拿小圓去填圓洞，並對寶寶說「你看這個好像有些大，放不進去」或「這個太小了，都沒有填滿」。讓寶寶自己意識到選擇錯了，繼續尋找。

5 當寶寶終於選擇正確時，媽媽要表現得很高興，並誇獎寶寶。

對寶寶的益處

此遊戲關鍵在於媽媽的引導，讓寶寶在實際動手的過程中，認識到大小洞和大小圓之間的關係，既可以開發寶寶的分辨邏輯思維能力，又有利於培養寶寶解決問題的能力。

注意事項

在用剪刀剪完硬紙板上的圓洞後，及時將剪刀收好，以免寶寶亂動而傷到寶寶。

- 紙板上的洞，不要剪得太多，最好在4個以內，以免給寶寶造成混亂。
- 所剪的孔，大小的區別要明顯，便於寶寶識別。

小腳被黏住了

遊戲道具	剪刀1把，寬透明膠帶1卷，小玩具1~3件	遊戲時間	白天	遊戲場地	室內，墊子或地毯上

遊戲步驟

1. 用剪刀剪下幾條半米左右的透明膠帶，帶有黏黏的一面朝上，放在墊子或地毯的中間，並把玩具擺放在另一端。

2. 讓寶寶待在墊子或地毯沒有玩具的一邊。引導寶寶看到玩具，並鼓勵寶寶過去拿。

3. 在寶寶去拿玩具的過程中，誘導寶寶通過有膠帶的地方。

4. 當寶寶接觸到膠帶時，會被黏住，很自然地會去看自己的腳或其他被黏住的地方。寶寶可能會自己想辦法擺脫膠帶的糾纏，也可能會哭鬧。

5. 媽媽在安撫寶寶的時候應引導寶寶認識到腳被膠帶黏住了，在幫助寶寶扯掉膠帶時，記得向寶寶傳輸一個觀念：在走路的時候要注意看看是不是有危險等。

6. 隔幾天，再玩同樣的遊戲，看看寶寶是不是會繞過有透明膠帶的區域。

對寶寶的益處

這一遊戲有利於培養寶寶的安全意識，同時，在再次進行相同遊戲的時候，寶寶的觀察、分析能力可以得到鍛鍊。

注意事項

剪刀用完後要收好，以免被寶寶發現拿着玩，傷到自己。

• 寶寶被透明膠帶黏住後，可能會出現哭鬧等情緒不穩定的情況，媽媽應細心地安撫，讓寶寶感覺到你是在意、關心他的。

媽媽與1~1.5歲寶寶一起玩的遊戲

寶寶推小車

輕重概念的認知及堅強勇敢品格培養的訓練

遊戲道具	玩具手推車、寶寶平時玩的一些玩具	遊戲時間	白天	遊戲場地	室內或室外較為平坦、寬敞的地方

遊戲步驟

1. 先引導並鼓勵寶寶推自己的玩具手推車行走。

2. 在寶寶漸漸熟練了如何推手推車後，將寶寶的一些玩具放到手推車內，增加手推車的重量和趣味性。

3. 在寶寶推了一段時間增加了重量的手推車後，把手推車上的玩具全部拿下來，讓寶寶推空車。

4. 再把玩具放到手推車上，然後取下，又放上。如此反覆多次。

對寶寶的益處

　　鍛鍊寶寶的行走能力，以及感受在推車的時候，隨着重量加減所帶來的變化。在遊戲的過程中，媽媽適當地加以引導，可以讓寶寶認識到甚麼是「重」，甚麼是「輕」。另外，寶寶摔倒後，鼓勵寶寶自己爬起來，有利於寶寶堅強、勇敢等良好性格的培養。

注意事項

此時寶寶雖然能蹣跚行走，但因步伐不穩，一旦行走的較快，可能容易摔倒。所以，媽媽在遊戲的過程中一定要有所注意。寶寶摔倒後，媽媽應該鼓勵寶寶勇敢地自己站起來。

這樣玩，孩子智商高　情商高

推球球

遊戲道具	塑膠球或乒乓球 1 個	遊戲時間	白天	遊戲場地	室內，矮桌或茶几旁

遊戲步驟

1. 媽媽和寶寶分別站在桌子的兩邊。

2. 媽媽用手在桌子上推動球，讓球向寶寶那邊滾去，同時唱自編的兒歌，如「小球小球圓又圓，寶寶推它滾向前。」

3. 當球滾到寶寶那邊時，引導寶寶接球。

4. 寶寶接住球後，予以誇獎，並讓寶寶將球滾回來。

對寶寶的益處

此遊戲有利於鍛鍊寶寶的身體協調能力，因為在遊戲過程中媽媽始終與寶寶在互動，有助於寶寶人際交往智能的開發。為了讓寶寶能與其他人交往，平時媽媽應當多與寶寶做一些類似的互動遊戲。

注意事項

此時的寶寶雖然可能學會了走路，但是還不太穩健。因此，在遊戲的過程中，媽媽要注意寶寶的活動，避免寶寶玩得太高興而摔倒。

大拖鞋，小拖鞋

遊戲道具	小玩具若干，大拖鞋、小拖鞋各1隻	遊戲時間	白天或晚上睡覺前	遊戲場地	室內，墊子或地毯上

遊戲步驟

1. 將媽媽或爸爸的大拖鞋、寶寶的小拖鞋混在寶寶的玩具中，放在墊子或地毯上。

2. 引導寶寶發現到玩具中夾雜着兩隻拖鞋。

3. 引導寶寶一隻腳穿上一隻拖鞋，鼓勵寶寶在墊子或地毯上小步行走，同時可唱自編的兒歌，如「小寶寶，真奇怪，兩隻腳，穿拖鞋，一隻大，一隻小。」

對寶寶的益處

　　一隻腳上穿著媽媽或爸爸的大拖鞋，一隻腳穿著自己的小拖鞋，對於寶寶來說是十分有趣的事。這一遊戲讓寶寶通過親身體驗，並且在媽媽自編有趣的兒歌中對大、小的概念有了區分。同時，有趣而且貼近遊戲內容的兒歌，會加深寶寶對兒歌內容的理解，有助於寶寶語言理解及表達能力的提升。

注意事項

- 用來當做道具的拖鞋一定要洗乾淨。
- 拖鞋的大小要區別開，並且要湊成一雙，不要拿同一隻腳的。
- 防止寶寶穿上拖鞋後行走摔跤。

這樣玩，孩子智商高　情商高

匙羹舀豆子

鍛鍊寶寶小手的靈活性，增強自理能力

遊戲道具	塑膠匙羹1隻，小碗2個，托盤一個，豆子若干	遊戲時間	白天或晚上，精神狀態較好時	遊戲場地	室內，墊子上

遊戲步驟

1. 媽媽將豆子放進一個小碗裏。將2個小碗並排放在托盤上。

2. 引導寶寶坐在托盤面前，拿起匙羹，將豆子舀到空碗裏。

3. 豆子轉移的過程中媽媽在旁邊語言跟進，1、2、3、4、5……

對寶寶的益處

該遊戲能提高寶寶自己用匙羹吃飯的能力，鍛鍊小手的靈活性，同時增強寶寶的自理能力、對數字的認識和理解能力。

注意事項

- 遊戲前，要給寶寶講解活動規則和要求。還要給寶寶講解紅豆不能放在口中或拿着玩耍。
- 遊戲過程中，注意寶寶的一舉一動，以防寶寶將豆子放進嘴裏。
- 根據年齡對難度有不同的要求，最初讓寶寶用手捏，將豆子從一個碗裏轉移到另外一個碗裏，之後用匙羹，1.5歲後可以用鑷子。

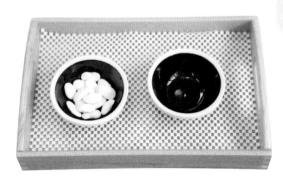

第六章

媽媽與1.5~2歲寶寶
一起玩的遊戲

1.5～2歲寶寶生長發育特點

1.5～2歲寶寶

認知能力

寶寶的形狀感知能力有了明顯提高，能夠區分多種物體形狀，如三角形、圓形、方形；部分寶寶學會了區分顏色，有了一定的是非觀念；觀察能力提高，比如能發現牆上多了一塊污漬，自己的布娃娃掉了一隻鞋子等。

動作能力

寶寶可以很熟練地走路和跑步，熟練地蹲下、起跳，能夠爬到椅子上拿東西，扶着欄杆能夠上下樓梯；手部動作更加靈活，可以握着筆在紙上隨意塗鴉，有的寶寶還能畫出直線。

可以穩穩當當地站立，並能夠獨立行走了，只是步態有些東歪西倒；能夠自己拿匙羹吃飯、拿杯子喝水，用遙控器開電視機；自己學習穿鞋子，會搭積木，用棍子穿起木珠。

社交能力

寶寶的情感世界開始豐富，看到電視裏的人物哭泣，也會感到悲傷；自主意識開始增強，自己的事情喜歡自己做，還喜歡幫爸爸媽媽做事。

寶寶，這是誰的

遊戲道具	晾曬的衣服	遊戲時間	在媽媽將曬在外面的衣服收回來時	遊戲場地	室內

遊戲步驟

1. 當媽媽將衣服收進來或在疊衣服的時候，讓寶寶來到自己身邊。

2. 拿起其中的一件衣服，問：「寶寶，這是誰的衣服啊！」讓寶寶回答。

3. 寶寶回答後，接着問：「這是甚麼顏色啊！」當寶寶不知道怎麼回答時，應耐心引導寶寶回答。

4. 衣服收完或疊完後，遊戲結束。

對寶寶的益處

這是媽媽和寶寶隨時隨地可以做的遊戲，將生活中的事融入到遊戲中，不但能提高寶寶對於生活的認知，還因為要分清是誰的衣服和顏色，能夠使得寶寶的觀察力和分辨力得到鍛鍊。

注意事項

在準備做這一遊戲的時候，媽媽應先觀察一下寶寶的精神和情緒狀態。如果寶寶的精神及情緒狀態不佳，就不要繼續這一遊戲。

媽媽與 1.5～2 歲寶寶一起玩的遊戲

摘蘑菇的小寶寶

遊戲道具	小提籃，硬紙板，小兔子，剪刀	遊戲時間	白天	遊戲場地	室內，墊子或地毯上

遊戲步驟

1. 將彩色硬紙板用剪刀剪成蘑菇狀，灑落在墊子或地毯上。

2. 拿出玩具小兔子及小提籃，引導寶寶，可以這麼說：「小兔子餓了，想要吃蘑菇，寶寶能幫小兔子一摘些蘑菇回來嗎？」把小提籃給寶寶，給寶寶做示範，將蘑菇撿起放在小提籃內。

3. 當寶寶將墊子或地毯上的蘑菇撿完時，讓寶寶回到自己的身邊。

對寶寶的益處

此遊戲可以訓練寶寶行走和蹲的動作能力，並且有利於培養寶寶的耐心、細緻的良好習慣和品格。

注意事項

- 在墊子或者地毯上的蘑菇不要放太多，以免寶寶蹲的時間過長。
- 在撒放蘑菇的時候，儘量分散開，不要過於集中，要讓寶寶自己去尋找，並提醒寶寶可能忽略的蘑菇。

玩具捉迷藏

觀察力、分析力
及邏輯思維的訓練

遊戲道具	小玩具1個，紙箱若干，顏色筆1枝	遊戲時間	白天	遊戲場地	室內

遊戲步驟

1 先將紙箱用顏色筆分別寫上1、2、3的數字編號，然後擺放在客廳較為寬敞的地方。

2 當着寶寶的面將其中的一個玩具藏在其中的一個紙箱中，如「1」號紙箱中。

3 引導寶寶，說：「1、2、3，3、2、1，玩具在哪裏？」在寶寶指着紙箱的時候，讓寶寶說出紙箱上的數字，然後讓寶寶自己去看玩具是否在紙箱內。

4 寶寶找出玩具後，讓寶寶藏玩具，媽媽猜。

5 媽媽猜出來後，接着寶寶猜，如此反覆將遊戲進行下去。

對寶寶的益處

此遊戲將玩具放在標註數字的紙箱內，引導寶寶去猜，並與寶寶展開競賽，這有利於鍛鍊寶寶的觀察、分析及認識數字等能力，以及開發寶寶的邏輯思維能力。

注意事項

- 在寶寶猜的時候，媽媽要引導寶寶說出紙箱上的數字。
- 媽媽猜的時候，不要一下子就說出答案。

媽媽與1.5～2歲寶寶一起玩的遊戲

給撲克牌找朋友

遊戲道具	撲克牌，2、3、4、5各1對	遊戲時間	白天	遊戲場地	室內

遊戲步驟

1 選取撲克牌中2、3、4、5各1對，打亂。

2 引導寶寶：「寶寶，我們一起來把一樣的數字放在一起好嗎？」給寶寶做示範，例如拿起一張2，讓寶寶幫着找另一張2。

3 像這樣將全部的撲克牌配對齊全。

對寶寶的益處

這一遊戲，不僅有利於鍛鍊寶寶的觀察及分析能力，還有助於培養寶寶自信及獨立解決問題的能力。

注意事項

在遊戲的過程中，媽媽要善於激發寶寶的積極主動性，讓寶寶在整個遊戲過程中佔主導地位，儘量自己尋找相同的撲克牌。在這一過程中，媽媽可以故意裝作找不到相同的撲克牌，讓寶寶幫着尋找，當寶寶找到時，及時誇獎寶寶。

這樣玩，孩子智商高 情商高

搖搖板

遊戲 道具	搖搖板	遊戲 時間	白天	遊戲 場地	室外，有搖搖 板的場所

遊戲步驟

1　媽媽抱着寶寶，將寶寶放到搖搖板挨着地面的一端，扶住寶寶向高的一端走去。為了分散寶寶的注意力及緊張，媽媽可以自編兒歌，如「搖搖板，真有趣，一邊高，一邊低，小寶寶，真勇敢，走上去，不害怕！」在唸兒歌的時候，媽媽要注意節奏。

2　走到盡頭後，掉頭往回頭。

對寶寶的益處

　　在這個遊戲中，寶寶能體驗到搖搖板由低變高，再由高變低的變化，這不僅有利於寶寶對空間變化的認知，還可以鍛鍊寶寶對自我身體平衡的掌控力及膽量。

注意
事項

媽媽扶着寶寶在搖搖板上行走的時候，要注意寶寶的安全。
隨着寶寶的行走，搖搖板發生變化的時候，媽媽應鼓勵寶寶，微笑地面對寶寶，讓寶寶感覺到有媽媽在身邊很安全。

媽媽與 1.5～2 歲寶寶一起玩的遊戲

帶着「小娃娃」去散步

遊戲道具	小玩具車，玩具娃娃	遊戲時間	白天	遊戲場地	室外，較為平坦的場所

遊戲步驟

1 將玩具車用繩子系好，將寶寶的玩具娃娃放在玩具車中，引導寶寶，可以這麼說：「寶寶，我們帶着小娃娃出去散步吧！」

2 到室外後，讓寶寶拉着玩具車的繩子行走。走路過程中，提醒寶寶都看到了甚麼，如小草、小樹、螞蟻等。

3 在走一段時間後，寶寶感覺到累了，對寶寶說：「小娃娃餓了，我們帶寶寶回家吧！」然後，牽着寶寶的手，讓寶寶拉着玩具車回家。

對寶寶的益處

讓寶寶拉着玩具車到室外玩，有利於鍛鍊寶寶腿部的力量，讓寶寶行走得更穩健。遊戲過程中，當寶寶摔倒時，鼓勵寶寶自己站起來，這有利於培養寶寶的受挫力，讓寶寶變得更堅強、更勇敢。

注意事項

在寶寶拉着玩具車走的時候，防止寶寶摔倒。

● 當寶寶摔倒時，鼓勵寶寶自己爬起來。可以這麼說：「寶寶真勇敢，我相信寶寶自己會起來的。」

消失的糖和鹽

遊戲道具	小塑膠盆，少許的糖、食鹽	遊戲時間	白天	遊戲場地	室內

遊戲步驟

1. 將小塑膠盆洗淨，並裝入少量的純淨水。

2. 給寶寶做示範，用手指沾水後放入嘴中品嘗味道，問寶寶是甚麼味道。

3. 將水中加入糖，再跟寶寶一起用手指沾水，嘗味道，詢問並引導寶寶回答，並告訴寶寶這是「甜的」。

4. 倒掉小塑膠盆中的水，洗淨，加入新的純淨水，然後加入鹽，待鹽溶解後，跟前面一樣讓寶寶嘗味道，並告訴寶寶這是「鹹的」。

對寶寶的益處

　　糖及鹽在倒入水中後溶解，消失不見，對孩子來說是極為神奇的事。而加入了糖或鹽的水，味道也會因此不同，更會讓寶寶的頭腦中充滿了許多問號。媽媽和寶寶玩這個遊戲，既能讓寶寶明白一定的科學知識，又激發了寶寶的好奇心和求知慾，讓他們更迫切地想認識和知道一些新奇的事。

注意事項

用來盛水的小塑膠盆一定要洗淨，加入的水應當是可以直接飲用的水。

糖與鹽倒入水中溶解後，寶寶對此會充滿好奇，媽媽應告訴寶寶，糖和鹽遇水後會溶解。

紅豆豆、黑豆豆

分類、歸納及
耐心培養的訓練

遊戲道具	紅豆、黑豆若干，碗2個	遊戲時間	白天	遊戲場地	室內，墊子或地毯上

遊戲步驟

1 將紅豆、黑豆混合在一起，倒在墊子或地毯上。

2 拿出小碗，對寶寶說：「寶寶，紅豆、黑豆都混在一起了，媽媽想要把它們分開，你能幫助媽媽嗎？」向寶寶做示範，各拿起一粒紅豆、黑豆，放在不同的碗中。

3 告訴寶寶把相同顏色的豆豆放在一個碗中，然後讓寶寶去做。

對寶寶的益處

這一遊戲能使寶寶的手指精細活動能力得到很好的鍛鍊，同時還能培養寶寶的分類、歸納能力及耐心。

注意事項

在第一次玩這個遊戲的時候，豆豆的數量不要太多，以免讓寶寶產生厭煩感。

用來裝豆豆的碗，應選用塑膠碗或金屬碗，因為瓷碗或玻璃碗容易碎裂，碎片會傷到寶寶。

這樣玩，孩子智商高 情商高

132

風車轉轉

因果關係的認知，
邏輯思維能力
開發的訓練

遊戲道具	彩紙，剪刀，竹竿或小木棍，釘子	遊戲時間	白天	遊戲場地	室內

遊戲步驟

1. 和寶寶一起，做出風車。在此過程中，為了增強寶寶對遊戲的興趣，可以拿出一張彩紙，讓寶寶跟着學摺紙。

2. 風車做好後，讓寶寶拿着，放到窗口有風的地方，讓寶寶看到風車在轉動。

3. 寶寶對轉動的風車充滿好奇後，讓寶寶揮動拿着風車的手，讓寶寶看到風車轉動的變化。

對寶寶的益處

寶寶揮動風車，可以使手部力量得到鍛鍊。而風車因為揮動速度帶來的變化，會引起寶寶強烈的好奇心，會讓寶寶對於因果關係有一定的認知，有利於開發寶寶的邏輯思維能力。

注意事項

- 媽媽在製作風車的時候，要關注到一旁寶寶的動作變化，防止寶寶拿着剪刀或釘子玩而受傷。
- 在寶寶玩風車的時候，應適時地讓風車停止轉動，讓寶寶明白風車的轉動是由於風，也就是空氣的流動造成的。

媽媽與1.5～2歲寶寶一起玩的遊戲

一二三四五，上山打老虎

激發語言興趣，
學習數字的訓練

遊戲道具	無	遊戲時間	白天	遊戲場地	室內

遊戲步驟

1. 同寶寶面對面站立或坐着。

2. 有節奏的念兒歌：「一二三四五，上山打老虎，老虎沒打到，打到小松鼠，松鼠有幾隻，我來數一數，數來又數去，一二 三四五。」在唸兒歌的時候，一字一頓，並配合着手指的動作，在說「一」的時候指向自己，「二」的時候指向寶寶，直至兒歌唸完。

3. 引導寶寶跟着唸兒歌，以及做相同的動作。

對寶寶的益處

此遊戲通過具有節奏並且有趣的歌詞內容，不僅能激發寶寶的語言興趣，同時還能讓寶寶輕而易舉地了解到數字，為以後學習數學打下良好的基礎。

注意
事項

在念兒歌及做動作的時候，要積極引導寶寶跟自己一起做。為了增強寶寶的遊戲興趣，在遊戲的過程中，唸兒歌的時候要保持一定的節奏。

左腳踢踢、右腳踢踢

下肢力量、大運動及認識數字的訓練

遊戲道具	無	遊戲時間	白天	遊戲場地	室內、室外均可

遊戲步驟

1　在室內或室外較為寬敞的地方，讓寶寶站在自己的旁邊或對面，向寶寶做示範，並唸着自編的兒歌，如「一、二、三，左腳踢踢；四、五、六，右腳踢踢；七、八、九，蹦一蹦」，同時，做相應的動作。如在說到「一、二、三，左腳踢踢」的時候，右腳站定，接連踢三下左腳。

2　鼓勵寶寶跟着自己一起做。

對寶寶的益處

左右雙腳相互的站立及踢腿，雙腳的起跳，能鍛鍊寶寶的下肢力量、身體的平衡性及彈跳力。自編的兒歌則可以讓寶寶對數字有更進一步的認知。

注意事項

寶寶可能會出現單腳站立不穩的情況；因此，在遊戲的過程中，媽媽要注意觀察寶寶，謹防寶寶摔倒。

媽媽與 1.5 ～ 2 歲寶寶一起玩的遊戲

我拋，你來接

遊戲道具	小皮球或沙包	遊戲時間	白天	遊戲場地	室外，較為平坦的場地

遊戲步驟

1. 跟寶寶說明遊戲的規則，雙方站在相距30厘米的地方，先讓寶寶將球拋給媽媽，媽媽接住後，將球拋到地上，寶寶去接反彈球。

2. 在寶寶的動作較為熟練後，可以適當加大距離。

對寶寶的益處

寶寶在玩此遊戲的過程中，全身都得到了活動，尤其是在跑和接球的過程中，鍛鍊了手眼的協調能力。同時，隨着遊戲的進行，寶寶為了能夠將球拋得更準，接得更穩，也會總結出相應的規律，這是對寶寶的邏輯思維能力的一種訓練和開發。

注意事項

- 為了防止寶寶多次未能將球拋向媽媽或不能接到球，媽媽沒有必要每一次都做得很好，要故意出現失誤，讓寶寶知道並不是每一次都能做到很好。
- 在遊戲的過程中，媽媽應當時刻與寶寶進行互動。互動的方式，可以是跟寶寶說「快接住」、「寶寶真厲害」類似的話。
- 注意遊戲的時間，並防止寶寶玩得太過高興，因為出汗而脫掉衣服，着涼感冒。

盲人摸象

觸覺敏感度及
形象思維開發的訓練

遊戲道具	寶寶平時喜歡玩的玩具若干	遊戲時間	白天	遊戲場地	室內

遊戲步驟

1. 給寶寶做示範：閉着眼睛拿起其中的一個玩具，對寶寶說：「寶寶，你相信媽媽不用眼睛看，就知道手中拿的是甚麼玩具嗎？」開始的時候，故意說錯，然後再說出正確的答案。

2. 讓寶寶學着自己的樣子去做，剛開始不要打擾寶寶，直到寶寶摸了一段時間還是未能摸出來是甚麼玩具，再提醒寶寶，如寶寶手中拿的是玩具小白兔，媽媽可以這樣說：「它有着長長的耳朵，喜歡吃紅蘿蔔……」將玩具的特徵一點一點地說出來。

對寶寶的益處

閉上眼睛，通過觸覺去感知手中玩具到底是甚麼，不僅能鍛鍊寶寶觸覺的敏感度，同時還有利於開發寶寶形象思維，強化寶寶的記憶力。

注意事項

- 在媽媽跟寶寶玩這一遊戲時，一般來說，媽媽不要在開始的時候就給寶寶提示，而是應當讓寶寶自己去體驗。
- 為了增加寶寶玩遊戲的興趣，媽媽應該積極地參與到遊戲中。

媽媽與 1.5～2 歲寶寶一起玩的遊戲

膠袋水龍頭

遊戲道具	膠袋若干個,針或者錐子1個	遊戲時間	白天	遊戲場地	室內,洗手間或浴室

遊戲步驟

1. 將膠袋放在水龍頭注滿水,然後用針或錐子在膠袋上刺出幾個小洞,讓水從洞中流出。讓寶寶用手去接流出的水。

2. 換一個新的膠袋,讓寶寶注水,然後媽媽提着,讓寶寶在膠袋上刺洞。

3. 媽媽將刺了洞眼的膠袋提到不同的高度,讓寶寶感受洞眼中流出水的變化。

對寶寶的益處

此階段寶寶的活動能力越來越強,而且求知慾望越來越強。在裝滿水的膠袋上用針刺上幾個小洞,讓水隨着壓力流出來,是一個較為有趣的科學小實驗。該遊戲即可鍛鍊寶寶手臂的力量,又能滿足寶寶的好奇心。更為重要的是,在媽媽的講解下,寶寶可以明白一些生活常識及簡單的物理知識。

注意事項

慎防針或錐子刺傷寶寶。

遊戲結束後,要及時擦乾寶寶身上的水,給寶寶換上乾爽的衣服,防止感冒。

連連看

遊戲道具	磁力拼圖	遊戲時間	白天	遊戲場地	室內，桌子上或墊子上

遊戲步驟

1. 家長示範將同顏色相連，同時告訴寶寶這是甚麼顏色。

2. 同形狀拼圖相連，讓寶寶用手指沿形狀滑動，家長同時告訴寶寶拼圖的形狀，摸起來硬硬的，除了視覺認知形狀外，進行觸覺認知。

3. 讓寶寶發揮想像力，自己將拼圖相連。

4. 家長可以示範，將拼圖按照立體形狀相拼，寶寶通過觀察模仿，之後發揮想像自己搭建，還可以讓寶寶自己去描述，他拼的是甚麼。

5. 隨着寶寶年齡增長，兩歲半後家長可以在紙上延續拼圖用筆畫出相連的形狀，讓寶寶按順序相連，隨年齡增長，家長加大難度，按照形狀和顏色畫出圖形，讓寶寶觀察後按照圖片順序，將拼圖相連。

對寶寶的益處

此遊戲有利於鍛鍊寶寶的模仿能力、想像力、語言組織語言表達能力、觀察力和空間思維力等。

注意事項

這是一款跨越年齡較大的遊戲，在寶寶1歲後，可以逐漸提升難度，從最初的連連看開始認知顏色和形狀，到後面隨着年齡增長不斷增加難度。

媽媽與1.5～2歲寶寶一起玩的遊戲

找呀找呀找朋友

遊戲道具	無	遊戲時間	白天	遊戲場地	室外，較為平坦的場地

遊戲步驟

1. 邀請平時在一起玩的小朋友，圍成一個小圓圈。

2. 媽媽唱兒歌「找呀找呀找朋友，找到一個好朋友，敬個禮呀，握握手，你是我的好朋友，你是我的好朋友」。並向寶寶示範：根據歌詞的內容做相應的動作。

3. 讓寶寶跟着媽媽學唱兒歌，並且在唱兒歌的時候，跟一起遊戲的小朋友做相應的動作。

對寶寶的益處

《找朋友》是一首節奏明快，寶寶喜歡聽的兒歌。此遊戲以兒歌為基礎，並根據兒歌的內容讓寶寶做相應的動作，既可以鍛鍊寶寶的語言表達能力，還可以提升寶寶的人際交往能力，讓寶寶學會與人交往的一些簡單禮節禮儀。

注意事項

開始遊戲之前，媽媽要向寶寶說明遊戲的規則，並且引導寶寶遵守遊戲規則。

水果切切樂

遊戲道具	切水果玩具	遊戲時間	白天	遊戲場地	室內

遊戲步驟

1 媽媽將道具水果擺放在桌子上。

2 引導寶寶站在桌子面前,用玩具刀把玩具水果切開,再把相同的水果黏在一起。

注意事項

黏水果時,媽媽可以在旁邊提醒,引導寶寶按顏色、形狀等特徵來分辨同一個水果。

對寶寶的益處

水果切切樂遊戲,能夠讓寶寶認識水果,熟悉形狀、顏色的匹配,「切」的動作鍛鍊雙手配合能力。同時培養寶寶的獨立性。

百變沙土

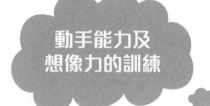

動手能力及
想像力的訓練

遊戲道具	沙土、塑膠模型玩具、小鏟子等	遊戲時間	白天	遊戲場地	室內

遊戲步驟

1 將沙土用水打濕。

2 給寶寶做示範：用小鏟子將打濕的沙土鏟到模具中，做出相應的形狀。

3 陪同寶寶一起玩一會，並協助寶寶利用不同形狀的模具，做出不同的沙胚。

4 寶寶熟練後，媽媽在一旁看着，讓寶寶自己玩。

對寶寶的益處

寶寶大多是好動的，並且多數喜歡玩沙土類的遊戲。在這個遊戲中，通過模具將沙土變成自己所喜歡的樣子，會讓寶寶樂在其中，不僅能鍛鍊寶寶手部的靈活性，還可以激發寶寶的想像力。

注意事項

在遊戲的過程中，媽媽要慎防寶寶將沙子弄到眼睛或嘴中，一旦寶寶將沙子弄到眼睛或嘴中，應當及時處理。
● 遊戲後，要給寶寶洗澡，並換上乾淨的衣服。

撈魚

遊戲道具	無	遊戲時間	白天	遊戲場地	室內、室外均可

☼ 遊戲步驟

1. 邀請爸爸參加，媽媽和爸爸手拉着手面對面站立，邊輕輕晃動，邊說：「1、2、3，撒網，撈魚。」

2. 爸爸媽媽做這些動作的同時，寶寶繞着爸爸或媽媽，從晃動的雙手鑽過去。爸爸媽媽說到「撈魚」時，去「撈」寶寶，如果寶寶被爸爸媽媽夾住，就是撈到魚了。

3. 寶寶和媽媽或者爸爸充當漁網，媽媽或者爸爸充當小魚，直到撈到小魚後，再換人當魚或網。

▽ 對寶寶的益處

這是一家三口一起參與的親子互動遊戲，除了能促進家庭成員之間的關係外，還能夠有效地鍛鍊寶寶的反應能力，以及聽覺與動作之間的協調能力。

變高、變矮

聽力與動作之間的協調能力，反應能力的訓練

遊戲道具	無	遊戲時間	白天	遊戲場地	室內、室外均可

遊戲步驟

1. 媽媽跟寶寶並排或面對面站立，由媽媽發放指令，喊：「變高」，則媽媽和寶寶應同時站起，踮起腳尖並且高舉雙手；當媽媽說「變矮」時，則寶寶和媽媽要蹲下，低頭彎腰，雙手抱住膝蓋。

2. 在做上面的動作時，誰的動作快，下一次就由誰發放指令。

對寶寶的益處

這個遊戲可以讓寶寶的全身都得到鍛鍊，屬大運動能力的訓練。因為寶寶和媽媽是在聽到指令後才做出相應動作的；所以，也使得寶寶的注意力和反應能力得到了較好的鍛鍊。

注意事項

當寶寶在1.5~2歲時，媽媽應該讓寶寶知道並懂得一些規則。在開始遊戲的時候，媽媽一定要把規則跟寶寶講清楚，一旦寶寶不遵守規則，應予以適當的小懲罰；例如，在玩這個遊戲的時候，即使是寶寶贏了，也失去下一次發放指令的資格。

- 動作的頻率應遵循由慢到快的順序，寶寶熟練後，才可以適當地加快。

這樣玩，孩子智商高 情商高

144

小樹苗快長高

遊戲道具	玩具水壺	遊戲時間	白天，環境較為安靜時	遊戲場地	室內、室外均可

遊戲步驟

1. 讓寶寶蹲下，當小樹苗。

2. 媽媽拿着玩具水壺，說：「大雨嘩啦啦，小樹要長大。大雨嘩啦啦，小樹要長大……」並讓寶寶慢慢地站起來。

3. 當媽媽不再說話的時候，孩子要保持當時的姿勢，等待媽媽再次說「大雨嘩啦啦」時，寶寶再慢慢站起。

4. 寶寶完全站起來後，讓寶寶繼續蹲下，重新開始。

對寶寶的益處

這個遊戲鍛鍊了寶寶的腿部力量。此外，聽從指揮做動作鍛鍊了寶寶大腦對身體的控制能力。

手心手背

注意力及
反應能力的訓練

遊戲道具	無	遊戲時間	白天，環境較為安靜時	遊戲場地	室內，墊子或地毯上

遊戲步驟

1. 媽媽和寶寶面對面坐着，手心朝下，平放在墊上。

2. 先由媽媽發放指令，喊「手心」，媽媽和寶寶聽到後，要將手翻過來，手心朝上；喊「手背」，則媽媽和寶寶的手背朝上。

3. 誰翻得準、快，就由誰在下一輪的遊戲中發放指令。

對寶寶的益處

此遊戲讓寶寶通過媽媽或自己發放的指令做相應的動作，除了能鍛鍊寶寶的注意力外，還能鍛鍊寶寶的反應能力。

注意事項

- 在遊戲的過程中，如果寶寶的動作較慢，媽媽也要放慢速度，以免挫傷寶寶的自信心。
- 在寶寶熟悉遊戲後，可以增加難度，如原本手心就朝上，還喊「手心」，看寶寶是不是聽到後，會將手背翻過來朝上。

這樣玩，孩子智商高 情商高

尋找游泳小健將

認識因果及邏輯思維能力的訓練

遊戲道具	浴盆、小鴨子、小汽車等小玩具	遊戲時間	寶寶洗澡的時候	遊戲場地	室內，浴室

遊戲步驟

1. 媽媽在小浴盆給寶寶洗澡的時候，將小鴨子、小汽車或其他的玩具放入浴盆中。

2. 玩具浸水後，除了小鴨子沒有沉下去，其他的玩具沉下去後，顯得十分驚奇地對寶寶說：「寶寶，小鴨子會游泳呀！」

3. 一邊給寶寶洗澡一邊唱兒歌，可以自編，也可以唱《數鴨子》「門前大橋下，游過一群鴨……」

4. 兒歌唱完後，引導孩子回答，除了鴨子以外，還有甚麼會游泳。從水中拿出沉到水裏的玩具，問：「小汽車會嗎？」當寶寶回答正確時，不要忘記誇讚寶寶。

對寶寶的益處

這一遊戲，通過寶寶的親身體驗，可以讓寶寶了解到哪些東西會漂浮，哪些東西會沉到水底，有助於寶寶邏輯思維能力的發展。

注意事項

 媽媽在給寶寶洗澡的時候，時間不宜過長，以免寶寶着涼而感冒。

媽媽與 1.5～2 歲寶寶一起玩的遊戲

147

小小神探

遊戲道具	寶寶的玩具 3~5 個，相應的圖片	遊戲時間	白天	遊戲場地	室內，墊子或地毯上

遊戲步驟

1. 事先把寶寶喜歡玩的玩具放在墊子或地毯上。

2. 跟寶寶坐在玩具的面前，引導寶寶，對寶寶說：「我們一起來玩個遊戲，看看寶寶能不能像媽媽這樣閉上雙眼。」

3. 寶寶閉上眼睛後，媽媽偷偷將其中的一件玩具收起來，然後讓寶寶睜開眼。

4. 此時，寶寶並不一定會發現玩具少了，媽媽應引導寶寶注意，故作吃驚地說：「寶寶你看看，是不是玩具少了啊？」

5. 寶寶發現玩具少了後可能會哭鬧。媽媽應當安撫好寶寶，並拿出卡片，問：「寶寶，是哪件玩具不見了，告訴媽媽，我們一起找好嗎。」指着卡片一個一個地問寶寶，或者是讓寶寶自己從卡片中尋找。

6. 當寶寶找到相應的卡片時，媽媽再將藏好的玩具拿出來。

對寶寶的益處

寶寶對平時經常玩的玩具是具有記憶的，而且寶寶的記憶力特別強。在這個遊戲中，將寶寶經常玩的玩具放在一起，趁寶寶不注意的時候藏起來一件，有意識地引導寶寶去發現少的是哪一件，可以很好地鍛鍊與開發寶寶的觀察、分析及記憶能力。

注意事項

寶寶在發現玩具少了後，很少不會哭鬧的。此時，媽媽一定要想辦法安撫好寶寶的情緒，切不可因為寶寶哭鬧，將藏好的玩具拿出來。如果這樣的話，不僅遊戲難以順利進行下去，還會養成寶寶以後稍有不順意就以哭鬧為手段，達到目的的不良習慣。

給媽媽開門

遊戲道具	積木若干，小玩具2~3個	遊戲時間	寶寶醒來，精神狀態好即可	遊戲場地	室內，墊子或地毯上

遊戲步驟

1. 同寶寶一起，先在墊子或地毯上，用積木擺放成四方形，然後將一個玩具放在裏面，其他的玩具擺放在外面。

2. 告訴寶寶裏面的玩具是寶寶，用積木圍成的方形是家，當有人敲門的時候，只有媽媽才能開門。

3. 媽媽拿其中的一個玩具，來到「房子」前面，假裝按門鈴，問：「有人在嗎？」在聽到寶寶的回答後，讓寶寶開門。此時，寶寶可能會將門打開，媽媽要以輕柔的語氣告訴寶寶，強調：「寶寶，我們說了，不是媽媽就不能開門喲！」

4. 繼續玩遊戲，並在遊戲的過程中，誘導寶寶說一些日常生活中遇到這種事的語言，如：「你是誰啊？」等等。

對寶寶的益處

這一遊戲，是日常生活中的場景的示範。在遊戲互動的過程中，寶寶既鍛鍊了語言表達能力，同時也有助於提高語言互動的準確性。

媽媽與1.5～2歲寶寶一起玩的遊戲

圓餅、方餅

示範影片

遊戲道具	圓形或方形的卡片，顏色筆1枝	遊戲時間	白天	遊戲場地	室內，墊子或小桌上

遊戲步驟

1. 媽媽先將硬紙殼剪成圓形或方形，與顏色筆一同放在墊子或小桌子上。

2. 跟寶寶說：「寶寶，看看這裏有很多的餅啊？」並引導寶寶將方形和圓形的餅分開。

3. 對寶寶說：「寶寶，媽媽要圓餅，上面有些芝麻，幫媽媽加點芝麻吧！」引導寶寶在圓餅上用顏色筆點出許多芝麻。

4. 接着讓寶寶自己在圓餅或方餅上點「芝麻」。

對寶寶的益處

這個遊戲可讓寶寶進一步感知和認識圓形和方形，並通過觀察與尋找方形物品和圓形物品，培養寶寶的觀察習慣及觀察能力。

注意事項

遊戲之前，要找機會讓寶寶熟悉並有方和圓的形狀意識。如可以利用日常生活中一些常見的事物，如時鐘、桌子等，向孩子傳遞方與圓的概念。

體驗下雨

審美情趣、
膽量培養

遊戲道具	透明雨傘 1 把，雨衣 1 件，高筒雨靴 1 雙	遊戲時間	夏季白天，下微雨時	遊戲場地	室外

遊戲步驟

1 媽媽帶寶寶來到公園的綠地或樓下的花園，讓寶寶看看雨點打到傘上的樣子、在地面上濺起的小水花。同時問寶寶：「這是甚麼呀？」

2 等雨停後讓寶寶在小水塘裏踩一踩，把花草樹葉上的雨水抹下來。

對寶寶的益處

自然界的變化是很有意思的，從小讓寶寶增加這方面的體驗對他的知識積累、審美情趣的形成、膽量的培養都是很有幫助的。雨中和寶寶一起去賞雨，空氣中的負離子成分很高，人的心情也會變得輕鬆起來。

注意事項

寶寶生病時不要玩這個遊戲，以免着涼加重病情。

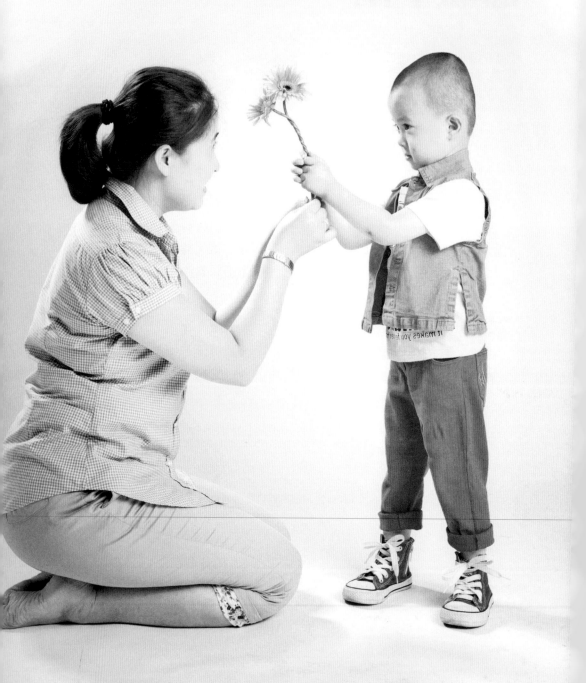

第七章

媽媽與2~3歲寶寶
一起玩的遊戲

2∼3歲寶寶

生長發育特點

2歲寶寶

認知能力

寶寶能認識幾種不同顏色的畫片，能認識自己的器官，還能說出它們的一部分功能；開始擁有聯想力，喜歡把看到的事物與自己熟悉的物品聯繫起來；記憶力有所發展，開始記得過去發生的事情。

語言能力

寶寶已經掌握了很多的詞彙，會說簡單的句子，會用耳語傳話；有的寶寶還會看圖講故事，敘述圖片上簡單突出的部分；能組織「玩煮飯仔」遊戲，扮演不同角色如當媽媽、寶寶、醫生等。

動作能力

寶寶能自如地在一條線上走，拐彎的時候能保持平衡不摔倒；可以不扶任何物體，單腳站立 3∼5 秒；可以解開衣服上的按扣，還會開合末端封閉的拉鏈。

社交能力

寶寶的情感表達開始豐富，產生了憂傷、嫉妒、擔心、煩惱等新的情感；寶寶對父母的依賴感強烈。

認知能力

3歲左右的寶寶，空間概念進一步建立，能夠懂得「裏」、「外」；能認識更多的顏色和形狀；能夠懂得數字1~5的概念；能夠按照物品的大小、顏色、形狀進行簡單的分類和配對。

 語言能力

寶寶會使用「我」、「你」等人稱代詞；開始用語言表達自己的心情，不高興時會告訴媽媽「我生氣了」；寶寶不僅喜歡聽爸爸媽媽講故事，還能夠複述故事情節，會流利地背誦兒歌。

 運動能力

寶寶會騎小三輪車，但是有的寶寶不太會拐彎；喜歡盪鞦韆、滑滑梯、踢球、攀登、玩沙子；手指靈活的寶寶能夠用蠟筆寫出0和1，還能用剪刀剪出有形狀的圖形。

 社交能力

寶寶的獨立意識增強，喜歡和其他的小朋友一起玩耍，變得更加友好、慷慨，開始具備不自私的意識，並產生同情心。

3 歲寶寶

小小郵遞員

遊戲道具	白、黃、藍不同顏色紙各1張，粉筆1枝	遊戲時間	白天	遊戲場地	室內，墊子或地毯上

 **遊戲步驟**

1. 媽媽將白、黃、藍色的紙各做成1個信封，然後在地上畫上一個大圓圈，媽媽站在圓圈中間，寶寶站在圓圈的線上。

2. 媽媽舉起白色信封，寶寶看到後，一邊模仿「滴滴」的汽車鳴笛聲，一邊模仿駕駛汽車的動作。

3. 媽媽舉起黃色信封時，寶寶則模仿火車，發出「哐哐」的聲音，圍繞着圓圈慢跑。

4. 媽媽舉起藍色信封時，寶寶則雙手側平舉模仿飛機快速跑。

5. 當媽媽說「信送到」時，寶寶停止奔跑。

對寶寶的益處

在這一遊戲中，媽媽隨便變換手中的信封，改變寶寶奔跑的速度，可以鍛鍊寶寶的反應力、身體控制及行走速度變化的能力。不同顏色信封變化也鍛鍊了孩子的反應能力。

注意事項

遊戲時，媽媽要注意觀察寶寶，控制好遊戲的時間，防止寶寶摔倒。

平衡木

肢體平衡的訓練

示範影片

遊戲道具	無	遊戲時間	白天	遊戲場地	室外，有馬路路緣或花壇的場地

🌞 遊戲步驟

1　媽媽將寶寶抱到或者讓寶寶自己爬到馬路路緣上。

2　牽著寶寶的小手，讓寶寶在馬路路緣上行走。

3　適時地鬆開寶寶的手，讓寶寶自己行走。

4　在走出兩三百米後，讓寶寶下來。

🛡 對寶寶的益處

　　在馬路路緣上行走，不僅能鍛鍊寶寶的身體平衡能力，還還能促進寶寶大腦、小腦的發育和四肢的協調。

注意事項

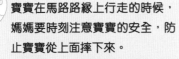

- 寶寶在馬路路緣上行走的時候，媽媽要時刻注意寶寶的安全，防止寶寶從上面摔下來。
- 當寶寶要下來的時候，媽媽應將寶寶抱下來，避免寶寶跳下來時扭傷腳。
- 當寶寶能走穩、並不緊張時，可以鼓勵寶寶做一些其他的動作。

踏板行走

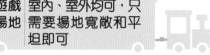

身體平衡及手腳協調能力的訓練

遊戲道具	硬紙板 4 塊，粉筆 1 枝	遊戲時間	白天	遊戲場地	室內、室外均可，只需要場地寬敞和平坦即可

遊戲步驟

1. 向寶寶做示範，將硬紙板從中間穿線，分別綁在左右腳，並且各留一段線到腰間，可以手提着。然後，右手拉伸提起右腳，左手提繩抬起左腳，向前行走。

2. 像步驟1一樣將硬紙板綁在寶寶腳上，讓寶寶學着媽媽剛才的樣子行走。

3. 在寶寶熟悉這一動作後，用粉筆在地面上畫兩條相隔50厘米的直線，分別標出起點和終點，跟寶寶比賽，看誰先到終點。

對寶寶的益處

這個遊戲可以鍛鍊寶寶腿部及手臂的力量，讓寶寶行走得更穩健。不僅如此，由於在遊戲的過程中，要用手提起左右腳的線，才邁步行走，因此還可以鍛鍊寶寶手腳之間運動的協調性。

注意事項

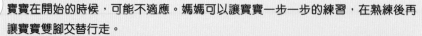

- 寶寶在開始的時候，可能不適應。媽媽可以讓寶寶一步一步的練習，在熟練後再讓寶寶雙腳交替行走。
- 在競賽的過程中，媽媽要控制好自己的速度，讓寶寶多獲勝，以增強寶寶的遊戲興趣，培養寶寶的自信心。

金雞獨立

身體平衡及
自信心培養的訓練

示範影片

遊戲道具	無	遊戲時間	白天	遊戲場地	室內、室外均可

遊戲步驟

1. 媽媽給寶寶做示範：抬起一隻腳，用一隻腳站立。跟寶寶說這叫「金雞獨立」，並問寶寶可不可以像媽媽這樣做。

2. 當寶寶饒有興趣地學着媽媽做一樣的動作時，媽媽提出比賽的要求，看誰站立的時間長。

對寶寶的益處

這個遊戲可以鍛鍊寶寶對自身的控制力及平衡能力，另外媽媽可以故意輸給寶寶，讓寶寶體會到勝利的快樂，能培養寶寶的自信心，可以讓寶寶更自信樂觀地面對生活中的事。

注意事項

寶寶在用單腳站立時，可能不太穩，媽媽要注意防止寶寶摔倒。

● 注意觀察寶寶，當確定寶寶搖搖晃晃不能站穩時，立刻將抬起的腳放下來。

媽媽與2～3歲寶寶一起玩的遊戲

看圖説畫

遊戲道具	色彩鮮艷且畫面生動的圖片若干張	遊戲時間	環境相對安靜時	遊戲場地	室內，墊子或沙發上

遊戲步驟

1. 將圖片事先放在墊子或沙發上。

2. 讓寶寶坐在墊子或沙發上，也可以讓寶寶坐在媽媽的腿上。

3. 拿起一張圖片，問寶寶：「圖片上是誰呀？在做甚麼呀？」引導寶寶說出答案，並且說出完整的句子。

4. 換另一張圖片，用步驟3的方式引導寶寶將圖片的內容說出來。

5. 圖片用完後，遊戲結束。

對寶寶的益處

寶寶大部分都喜歡顏色較為鮮艷的東西，採用鮮艷的圖片作為遊戲道具能很好地吸引寶寶的注意力。在遊戲的過程中，媽媽耐心地引導，讓寶寶根據畫面的內容說話，可以達到很好地鍛鍊寶寶觀察、辨別及語言組織能力。

注意事項

因為年齡的關係，寶寶會缺乏耐心；所以在玩這個遊戲的時候，媽媽不僅要積極誘導，讓寶寶感受到遊戲的樂趣，同時，還應當控制好圖片的數量，在開始的時候，建議選用的圖片不超過3張，以後再慢慢增加。

這樣玩，孩子智商高　情商高

誰大誰小

遊戲道具	大皮球和小皮球，大汽車和小汽車	遊戲時間	白天	遊戲場地	較為寬敞平坦的場所

遊戲步驟

1. 將大皮球和小皮球，或大汽車和小汽車雜亂地排成一排。

2. 對寶寶說：「寶寶，能幫媽媽把大皮球拿過來嗎？」

3. 當寶寶將大皮球拿過來時，媽媽高興地對寶寶說「謝謝」，然後再讓寶寶拿小皮球。

4. 在寶寶將玩具按照媽媽所說的拿完後，遊戲結束。

對寶寶的益處

此遊戲讓寶寶真實地感知和分辨出玩具的大小，會使寶寶對於大和小的概念有着更為深刻的認知。寶寶在眾多的玩具中選擇出大的和小的，也是對寶寶的觀察力及分辨力的鍛鍊。

注意事項

開始，寶寶可能對於大和小沒有甚麼概念，在遊戲之前，媽媽就應當有意識地引導寶寶，讓寶寶感知「大」和「小」的概念，以免在遊戲的過程中，寶寶總是出錯，變得失去了耐心，變得煩躁。

媽媽與 2～3 歲寶寶一起玩的遊戲

樹葉貼貼畫

自然認知，分類及手部精細動作的訓練

遊戲道具	A4紙，鉛筆，膠水，樹葉若干	遊戲時間	白天	遊戲場地	室內或室外

遊戲步驟

1. 媽媽先帶寶寶到戶外撿一些顏色、形狀不一的樹葉。在撿樹葉的過程中，引導寶寶觀察樹葉的顏色和形狀，用手指去感受光滑或有鋸齒的樹葉邊緣，用手與不同的樹葉比大小等直觀感受。

2. 媽媽將撿回的樹葉用布擦洗乾淨後，跟寶寶一起將樹葉按着大小、顏色進行分類。

3. 媽媽用鉛筆在A4紙上畫一個大樹幹，引導寶寶用膠水把樹葉黏貼在樹幹上。

對寶寶的益處

帶寶寶先到戶外去撿樹葉，並引導寶寶觀察及親密接觸樹葉，能讓寶寶對於自然界的事物有一定認知；而對樹葉進行大小、顏色的分類，則可以培養寶寶觀察、分類及歸類的能力；把樹葉貼在樹幹上，則鍛鍊了寶寶小手的靈活性。

注意事項

- 在撿樹葉回家後，媽媽在將樹葉洗乾淨的同時，也要注意寶寶小手的清潔衛生。
- 在遊戲結束後，一定要記得給寶寶洗手。

這樣玩，孩子智商高 情商高

動物大樂園

觀察力、分辨力、記憶力，歸納和概括思維的訓練

遊戲道具	動物識圖卡片若干	遊戲時間	白天、晚上均可	遊戲場地	室內，墊子或地毯上

遊戲步驟

1. 將事先準備好的動物識圖卡片放在墊子或地毯上。讓寶寶坐在卡片前，也可以抱着寶寶坐在卡片前。

2. 拿出卡片，引導寶寶回答。比如拿出小青蛙問他：「這是甚麼呀？」、「牠眼睛怎麼樣？」、「嘴巴呢？」、「牠有幾條腿？」、「牠吃甚麼？」、「牠怎麼走路……」

3. 收起拿出來的這張卡片，拿出其他的卡片，引導寶寶觀察並說出動物的特徵。

4. 將卡片全部收起，說出動物的特徵，讓寶寶在卡片中找出對應的動物。

對寶寶的益處

在看卡片的過程中，媽媽引導寶寶說出卡片中動物的特徵，不僅可以鍛鍊寶寶的觀察力、分辨力，還能夠讓寶寶初步學習歸納和概括的思維方式，並且對寶寶記憶力的提升也有助益。

示範影片

媽媽與 2～3 歲寶寶一起玩的遊戲

163

今天我當家

人際交往及
文明禮貌用語
的訓練

遊戲道具	煮飯仔的玩具及布娃娃1隻	遊戲時間	白天	遊戲場地	室內，較為寬敞的地方

遊戲步驟

1. 擬定好角色，媽媽扮演到娃娃家探訪的「客人」，寶寶為「主人」。

2. 「客人」裝作敲門的樣子來到娃娃家，並引導寶寶用「你好」、「請進」、「請坐」之類的禮貌交際用語來招呼「客人」。

3. 「客人」到了「娃娃」家後，進一步引導寶寶以「主人」身份招待「客人」，如喝茶、吃飯等，讓遊戲繼續下去。

4. 「客人」起身告辭，引導「主人」說出「再見」、「下次見」等禮貌用語。

對寶寶的益處

在日常生活中，寶寶在與人交往中總是處在被動的狀態。此遊戲模仿生活中的場景，寶寶既熟悉也會感興趣，在媽媽的引導下，學習如何輕鬆主動地與人打招呼，以及如何招待客人。

注意事項

在遊戲的過程中，媽媽一定要注意對寶寶進行恰當的引導，讓遊戲進行下去。為了增加遊戲的趣味性，媽媽作為「客人」可以引導寶寶說一些寶寶生活中的事。

示範影片

這樣玩，孩子智商高　情商高

服裝設計師

手指靈活性，手眼協調以及顏色的認知、識別訓練

遊戲道具	小娃娃玩具，漿糊筆，彩色紙若干	遊戲時間	白天	遊戲場地	室內

遊戲步驟

1. 媽媽先用剪刀將白紙剪成一件衣服的形狀。

2. 拿起玩具小娃娃以及白紙剪成的衣服，對寶寶說：「寶寶，跟媽媽一起來給娃娃做件新衣服吧！」

3. 給寶寶做示範：撕下一張彩色紙條，塗上漿糊，黏在剪好的衣服上。

4. 在一旁協助寶寶，讓寶寶撕彩色紙條，黏貼。

5. 黏貼好後，將彩色的衣服黏貼到小娃娃身上。遊戲結束。

對寶寶的益處

撕彩色的紙條，可以使寶寶的手指靈活性、協調性得到提高，手眼協調能力也得到提高。另外，會使寶寶對彩色的認識和辨別能力加強，提升寶寶對色彩的感受力和審美能力。

注意事項

在遊戲的過程中，要防止寶寶將漿糊筆放到嘴中。
遊戲結束後，一定要讓寶寶洗乾淨雙手。

媽媽與 2～3 歲寶寶一起玩的遊戲

勇敢的鬥牛士

遊戲道具	紙袋或硬紙殼，水顏色筆，剪刀	遊戲時間	白天	遊戲場地	室內，墊子或地毯上

遊戲步驟

1　將紙袋或硬紙殼用剪刀挖出眼睛和鼻子洞口，然後用水顏色筆描繪，做出牛的面具，大小2個。

2　媽媽和寶寶分別帶上牛頭面具，趴在地毯或墊子上，裝成大、小牛。

3　開始頭頂頭，或者以肩頂肩、頭頂胸、手推手等方式來玩遊戲。當一方出了毯子或者墊子為輸。

對寶寶的益處

　　此遊戲可讓寶寶的全身肌肉得到充分活動，能促進寶寶動作協調性的發展，增強寶寶身體的力量。另外，此遊戲能夠讓寶寶體會到成功的喜悅，有利於寶寶自信心的培養。

注意事項

媽媽應在遊戲的過程中有意識地輸給寶寶，讓寶寶感受到快樂和成功的喜悅。

● 控制好遊戲時間，以8~10分鐘較為適宜。

● 遊戲過程中媽媽的動作、力度要輕柔，並注意紙袋或硬紙殼的棱角傷害到寶寶。

追影子

好奇心及
求知探索慾的訓練

示範影片

遊戲道具	無	遊戲時間	有太陽,或者晚上有街燈的時候	遊戲場地	室內、室外,有光線的地方

☼ 遊戲步驟

1. 媽媽牽着寶寶的手,讓寶寶看前面的影子。

2. 在引起寶寶注意後,讓影子移動,並引導寶寶去踩自己的影子。

3. 當寶寶踩住影子的時候,稍微停下來,然後再移動,讓影子從寶寶腳下溜走,繼續引導、鼓勵寶寶去追,踩影子。

⬡ 對寶寶的益處

在寶寶的眼中,世界是神奇的,和寶寶一起玩追影子的遊戲,讓寶寶在遊戲中觀察一些與影子有關的現象,不僅可以使寶寶的行走和奔跑能力得到很好的鍛鍊,還可以激發寶寶對未知領域的探索慾望。

注意事項

處在這一年齡階段的寶寶雖然會走路,但是還不太穩,並且有的寶寶危險意識較差。因此,在遊戲的過程中,媽媽所選擇的場地,應較為開闊,且沒有障礙物。

● 由於這一遊戲的運動量較大,在寶寶踩住影子的時候,最好能停下來,讓寶寶休息片刻。

媽媽與2~3歲寶寶一起玩的遊戲

小小足球員

遊戲道具	舊報紙或廢紙若干，紙箱1個	遊戲時間	白天	遊戲場地	室內較為寬敞的地方

遊戲步驟

1. 將舊報紙或廢紙團揉成球的形狀，將紙箱打開，豎起，擺放在離紙球60厘米的地方。

2. 向寶寶做示範，用腳將球踢入紙箱。

3. 拿回紙球，讓寶寶學着媽媽剛才的樣子踢球。

4. 當寶寶將紙球踢進紙箱時，媽媽要表現得很高興，予以鼓勵；當寶寶沒有將球踢進去的時候，媽媽要予以安慰，並鼓勵寶寶繼續下去。

對寶寶的益處

此遊戲既可鍛鍊寶寶腿、腳部的協調，還可以讓寶寶體會到成功和失敗，對於寶寶受挫能力的提升有一定益助。

注意事項

在室內玩這一遊戲時，媽媽應當事先清理好場地，把垃圾桶及其他的物品移開，以免在遊戲的過程中寶寶不小心碰到而受傷。

● 當寶寶踢了好幾次都沒將紙球踢進球門時，媽媽可以故意將球踢不進去，並告訴寶寶，讓寶寶明白，踢不進球門，失敗是一種很正常的事。

巧擺積木

遊戲道具	積木1套，A4紙1張，畫筆若干	遊戲時間	白天	遊戲場地	室內，墊子或地毯上

遊戲步驟

1. 媽媽在A4紙上按照積木外沿用畫筆畫出幾個不同的形狀。

2. 寶寶根據形狀可以填充顏色塗鴉。

3. 讓寶寶觀察紙上的形狀，把相應的積木對應擺放。當寶寶擺上一個積木後，媽媽要及時詢問：「寶寶，這是甚麼啊？」

對寶寶的益處

讓寶寶根據自己的想像去擺出相應的積木，可以促進寶寶觀察力及想像力的發展。

注意事項

- 在寶寶拼擺積木時候，媽媽充當的是協助的角色，不要輕易幫寶寶做決定。
- 控制好遊戲時間，不要過長，否則，會讓寶寶失去下次再玩此類遊戲的興趣。

媽媽與2～3歲寶寶一起玩的遊戲

故事接龍

記憶力、想像力、表達力的訓練

示範影片

遊戲道具	無	遊戲時間	白天	遊戲場地	室內

遊戲步驟

1. 媽媽先給寶寶講一個寶寶喜歡聽、並且聽了很多次的故事。在講故事的過程中，故意對故事中的一些情節或結尾進行刪改，看看寶寶是不是能聽出來，是不是會指出其中錯誤。

2. 在講故事的過程中，媽媽突然間像是記不起來了，引導寶寶，讓寶寶接着講下去。如，媽媽可以這麼說：「我怎麼突然間忘記了，寶寶，上次跟你講過，你能告訴媽媽嗎？」

3. 在寶寶講完後，給予寶寶誇獎。

對寶寶的益處

此遊戲不僅充滿了趣味，還能促進寶寶記憶力、想像力、表達力的發展。更為重要的是，媽媽可以採用不同的故事跟寶寶玩這一遊戲，直到寶寶進入幼兒園學習。

注意事項

在進行這個遊戲之前，應多給寶寶講故事，應選擇寶寶最感興趣的、較容易記住的故事。

● 讓寶寶接着往下講的時候，媽媽要表現出真的是忘記了，希望寶寶能幫忙。

揪尾巴

示範影片

奔跑、身體平衡及反應能力的訓練

| 遊戲道具 | 長 50~60 厘米的彩色紙帶 2 條 | 遊戲時間 | 白天 | 遊戲場地 | 室內、室外，平坦、開闊的地方 |

遊戲步驟

1 媽媽和寶寶分別將彩色紙帶塞在褲腰後做尾巴。

2 跟寶寶說明遊戲的規則，並進行示範：去揪寶寶的「尾巴」，寶寶想辦法躲避。

3 開始遊戲，媽媽先跑一段距離後，讓寶寶追過來揪「尾巴」。

對寶寶的益處

媽媽跟寶寶玩這個遊戲，可以讓寶寶的腿部力量得到很好的鍛鍊，奔跑躲閃的同時也能鍛鍊寶寶的身體平衡和反應能力。

注意事項

- 在遊戲的過程中，防止寶寶奔跑得過快而摔倒。
- 媽媽應根據寶寶的速度調整自己的速度。

媽媽與 2～3 歲寶寶一起玩的遊戲

數積木

> 手眼協調、
> 手口一致及
> 邏輯思維的訓練

遊戲道具	積木若干塊	遊戲時間	白天	遊戲場地	室內，墊子或地毯上

遊戲步驟

1. 將積木分成兩堆，放在墊子或地毯上，引導寶寶數積木。可以對寶寶說：「寶寶，我們來玩一個遊戲好嗎？來看看這裏有多少積木。」

2. 在成功引起寶寶注意後，給寶寶做示範：邊用手指點積木邊數數。

3. 讓寶寶按照媽媽剛才示範的樣子去做。

對寶寶的益處

　　對3歲左右的寶寶來說，大多已經能數數，並且有了一定的競爭意識，希望能在比賽中獲勝。這個遊戲不但可以強化寶寶對數字的認知，而且因為在數數的時候是一邊用手指點積木，一邊數數的，還可以讓寶寶的手眼以及手口的協調能力得到鍛鍊。

注意事項

- 遊戲中，如果出現寶寶因為做不好而生氣的情況，媽媽要進行安撫，並轉移寶寶的注意力，然後再讓寶寶數數。

- 當寶寶出現錯誤的時候，媽媽不要先急着糾正，而是要等到寶寶高興起來後，再慢慢糾正。

- 為了增強遊戲的互動性和樂趣，媽媽可以跟寶寶比賽，但速度要根據寶寶的速度而變化，不要比寶寶快得太多，慢也不要慢得太多。

趕小豬

遊戲道具	小皮球，小木棍，紙箱	遊戲時間	白天	遊戲場地	室外、室內均可

遊戲步驟

1. 將紙箱並排擺放，兩者相距30厘米左右，當做門。

2. 跟寶寶做示範：用木棍推動皮球，直到穿過紙箱搭起的門。

3. 將木棍交給寶寶，讓寶寶學着做。

4. 寶寶稍稍熟悉後，同寶寶比賽，看誰先趕着球穿過紙箱搭起的門。

對寶寶的益處

寶寶玩這個遊戲，可以鍛鍊其手眼協調及動作控制能力。如果在室外，邀請其他小朋友一起玩，還能夠培養寶寶與他人合作的意識。

注意事項

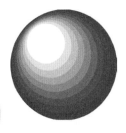

- 媽媽應注意觀察寶寶的動作行為，防止寶寶在行走時，被棍子戳傷。
- 在室外，可以多準備幾個玩具球及小木棍，鼓勵寶寶邀請小朋友一起參與這個遊戲。

我是小小售貨員

遊戲道具	寶寶平時玩的玩具若干	遊戲時間	白天	遊戲場地	室內，墊子或地毯上

遊戲步驟

1. 媽媽和寶寶一起將玩具並排擺放在墊子或地毯上。

2. 分配好角色，寶寶為「售貨員」，媽媽為「顧客」。

3. 媽媽裝作要買其中的玩具，引導寶寶模仿超市售貨員的動作和說話。

示範影片

對寶寶的益處

把生活中的場景移植到遊戲中，讓寶寶模仿所熟悉的一些職業，既是對寶寶語言表達能力的一種訓練，也是對寶寶人際交往智能的一種開發。

注意事項

在遊戲中，媽媽要儘量引導寶寶說出所扮演角色的話，當寶寶說錯時，也不要立刻予以糾正，而是要引導寶寶讓其意識到自己可能說錯了。

- 有的寶寶可能對扮演售貨員不感興趣，媽媽可以根據寶寶的興趣，選擇寶寶喜歡扮演的角色，如巴士司機、警察及醫生等。

疊羅漢

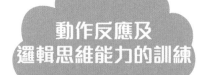

動作反應及
邏輯思維能力的訓練

示範影片

遊戲道具	無	遊戲時間	白天	遊戲場地	室內、室外均可

遊戲步驟

1. 媽媽和寶寶面對面坐着。

2. 媽媽先將一隻手掌心朝下放在膝蓋上，寶寶將小手放在媽媽的手背上。

3. 媽媽再將另一隻手放在寶寶的手背上。

4. 媽媽抽出最下面的手，放在寶寶的手背上；寶寶也抽出最下面的手，放在媽媽的手背上。

5. 如此反覆。

注意事項

- 在進行遊戲的時候，媽媽可自編兒歌，如「疊羅漢，一疊疊，二疊疊……」並根據內容和節奏做相應的動作。
- 在開始的時候，速度可以稍微慢一點，寶寶熟練後可適當加快。

對寶寶的益處

此遊戲能訓練寶寶的注意力、反應力及手部精細動作的能力。除了疊手掌之外，當寶寶對此遊戲十分熟練的時候，可以換成抓「大拇指」，即媽媽先伸出一隻手，握緊拳頭伸出大拇指，寶寶抓住媽媽的大拇指伸出自己的大拇指，媽媽用另一隻手抓寶寶的大拇指，如此反覆。

媽媽與2～3歲寶寶一起玩的遊戲

123木頭人

遊戲道具	無	遊戲時間	白天	遊戲場地	室內、室外均可

遊戲步驟

1. 媽媽跟寶寶講清遊戲規則，在說到「123，木頭人，不許說話不許動」後，不管在做甚麼動作，都要停下來，並保持不動的姿勢。直到聽到「123，木頭人，可以說話可以動」後，才能動。

2. 開始遊戲，先由媽媽發放指令，媽媽和寶寶保持相應的姿勢，誰先動就輸了。

注意事項

在玩遊戲的過程中，如果是媽媽發號指令的話，在剛開始的時候，不要讓寶寶保持同一姿勢的時間過長。

- 媽媽可以讓寶寶邀請更多的小朋友參加。
- 在遊戲的過程中，媽媽可以適當地打亂寶寶的思維，分散寶寶的注意力。

對寶寶的益處

這一遊戲不僅能鍛鍊寶寶的聽覺反應及肢體動作控制力，同時還能培養寶寶不受外界因素影響和干擾的自我控制能力。

剪刀、石頭、布

動作反應，
邏輯思維及想像力
開發的訓練

遊戲道具	寶寶平時玩的玩具若干	遊戲時間	白天	遊戲場地	室內

遊戲步驟

1. 將寶寶平時玩的一些玩具拿出來，平均分成兩堆。

2. 跟寶寶說明遊戲規則：伸出拳頭代表石頭；食指中指代表剪刀；手掌為布。石頭可以砸壞剪刀；剪刀可以剪碎布；布能夠包住石頭。在媽媽或寶寶喊出「剪刀石頭布」的時候，同時伸出手做石頭、剪刀或布的手勢，誰輸了給對方一個玩具。

3. 媽媽在跟寶寶試玩幾次後，正式開始遊戲，直到一方的玩具全部輸完為止。

對寶寶的益處

媽媽和寶寶玩這個遊戲，不僅能夠鍛鍊寶寶的語言表達及動作反應能力，還能培養寶寶觀察分析及邏輯思維能力。同時，因為帶有一定的競賽目的，還可以培養寶寶競爭意識，以及正確的面對輸贏。這對於寶寶以後與人交往，尤其是在進入幼兒園學習，如何跟小朋友相處是有益的。

注意
事項

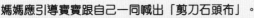

- 媽媽應引導寶寶跟自己一同喊出「剪刀石頭布」。
- 在出手勢的時候，媽媽要注意觀察寶寶的速度，並調整好自己的速度。
- 故意輸給寶寶，讓寶寶體會到成功的喜悅。

媽媽與2～3歲寶寶一起玩的遊戲

釣魚

遊戲道具	硬紙片，小木棍，顏色筆，膠帶	遊戲時間	白天	遊戲場地	室內

遊戲步驟

1. 將卡片用剪刀剪成10條小魚的形狀，再用顏色筆分別寫上1~10的數字，然後一字排開在地面上。

2. 將細繩綁在小木棍上做釣魚竿，細繩的另一端用線纏繞，綁上膠帶。

3. 寶寶手拿魚竿，用線端的膠帶去黏魚，黏上來後，讀出魚上面的數字。

對寶寶的益處

　　這個遊戲不僅可以鍛鍊寶寶的手眼協調能力，還有培養寶寶的耐心，認識數字、強化記憶力等作用。

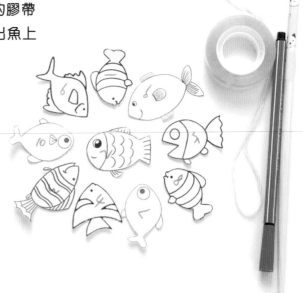

注意事項

- 在遊戲之前，媽媽要向寶寶做示範，怎麼才能黏到地板上的魚。
- 寶寶因為一時之間黏不到地面上的魚，變得焦急時，媽媽要予以安撫。
- 當心木棍戳到寶寶。

豆子擺圖形

認知幾何圖形、
手部精細動作及
專注力培養的訓練

遊戲道具	豆豆若干，A4 紙以及顏色筆各 1 個	遊戲時間	白天	遊戲場地	室內

遊戲步驟

1. 媽媽準備好玩具的道具後，用筆先在A4紙上畫簡單的幾何圖形。

2. 引導寶寶，並且給寶寶做示範，將豆豆沿着畫好的幾何圖形的線條擺放。

3. 在寶寶明白後，讓寶寶自己玩，媽媽在一旁觀看。

對寶寶的益處

在這個遊戲中，寶寶沿着媽媽事先畫好的幾何圖形擺放豆豆，既可以鍛鍊寶寶手部的精細活動能力，又可以讓寶寶認識幾何圖形，同時還能培養寶寶的專注力及耐心。

示範影片

注意事項

- 媽媽所畫的幾何圖形，在開始的時候應當簡單一些，並且線條要清晰。
- 防止寶寶在遊戲的過程中，將豆豆放到嘴中。

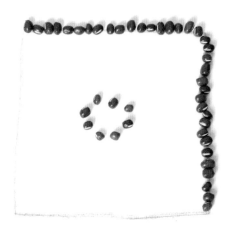

媽媽與 2 ~ 3 歲寶寶一起玩的遊戲

179

找不同

遊戲道具	A4 紙、顏色筆	遊戲時間	白天	遊戲場地	室內

遊戲步驟

1. 媽媽在A4紙上用顏色筆畫上兩幅除了部分的部位不一樣幾乎完全相同的圖畫，如小白兔，一幅畫上兩隻耳朵一樣大，另一幅畫上一隻耳朵大一隻耳朵小。

2. 將畫好的畫放在寶寶面前，讓寶寶看，引導寶寶找出兩幅畫之間不同之處。

對寶寶的益處

這個遊戲能培養寶寶的觀察力、分辨力以及耐心，有利於養成寶寶細心觀察的好習慣。此遊戲尤其適宜於一些有粗心大意表現的寶寶。

注意事項

- 媽媽如果覺得自己畫得不好，可以購買類似的書籍。
- 兩幅畫的不同之處，應當稍微少一些，最好不要超過5處。另外，不同的地方差距要明顯一點，便於寶寶發現。

快樂拍手歌

遊戲道具	無	遊戲時間	白天、晚上均可	遊戲場地	室內、室外均可

遊戲步驟

1 媽媽跟寶寶面對面坐着或站着。

2 媽媽先伸出右手,讓寶寶伸出左手拍打一下自己的手,同時唱兒歌:「你拍一。」然後,讓寶寶伸出右手,媽媽輕輕拍打一下,「我拍一,一個小孩穿花衣。」

3 按照步驟2的方法反覆進行下去,同時唱接下來的兒歌「你拍二,我拍二,二個小孩梳小辮。你拍三,我拍三,三個小孩吃餅乾。你拍四,我拍四,四個小孩寫大字。你拍五,我拍五,五個小孩敲大鼓。你拍六,我拍六,六個小孩吃石榴。你拍七,我拍七,七個小孩坐飛機。你拍八,我拍八,八個小孩吹喇叭。你拍九,我拍九,九個小孩交朋友。你拍十,我拍十,十個小孩站得直。」

4 兒歌唱完後,重新開始。在遊戲的過程中,鼓勵寶寶跟自己一起唱兒歌。

對寶寶的益處

這是傳統的親子遊戲,通過玩此遊戲,寶寶的動作協調能力可以得到鍛鍊;同時,寶寶跟着媽媽一起唱兒歌,有利於寶寶語言表達能力及數字認知能力的開發。

注意事項

在拍手的過程中,要跟兒歌的節奏相脗合。

媽媽與 2 ~ 3 歲寶寶一起玩的遊戲

推球過障礙

身體平衡、
動作反應、自信心
及意志力的訓練

遊戲道具	玩具球，可以用來充當障礙物的紙箱3~4個	遊戲時間	白天，環境較為安靜時	遊戲場地	室內、室外均可

遊戲步驟

1 媽媽用紙箱先設置好障礙。

2 向寶寶做示範：推着玩具球，繞過紙箱的障礙，到達終點。在示範的同時，對寶寶說：「你能像媽媽這樣，把球推到對面，不碰到紙箱嗎？」

3 讓寶寶自己推球。當寶寶碰到障礙物的時候，提醒寶寶，「下次可不能再碰到哦」。並要求寶寶重新開始，寶寶每過一個障礙，媽媽都要及時地予以鼓勵，為寶寶加油。

對寶寶的益處

此遊戲不僅能讓寶寶的身體平衡以及反應能力得到較好的鍛鍊，還因為寶寶想要順利地完成遊戲，需要經歷多次的失敗，所以有利於培養寶寶的自信心和堅強意志力。

注意事項

- 在室外進行遊戲時，媽媽一定要對場地進行清理，清除掉可能會導致寶寶受到傷害的一些物體，如較為尖銳的石子、玻璃等。
- 在遊戲的過程中，媽媽不能忘記對孩子的鼓勵。因為，只有不斷地鼓勵，寶寶才能更有動力，高高興興地把遊戲進行下去。

這樣玩，孩子智商高　情商高

幫小狗回家

觀察力、邏輯思維
和耐心的訓練

遊戲道具	A4 紙 1 張，鉛筆 1 枝	遊戲時間	白天，環境較為安靜時	遊戲場地	室內，茶几或矮桌上

🌞 遊戲步驟

1. 媽媽先在A4紙上畫上一個簡單的迷宮，起點畫上一隻小狗，終點畫上狗屋。

2. 引導寶寶，對寶寶說：「小狗迷路了，想要回家，找不到回家的路，我們一起幫助牠好嗎？」

3. 在走迷宮的時候，故意走錯，引導寶寶觀察思考，讓寶寶說出該怎麼走。

4. 當順利地走出迷宮時，媽媽應當高興地誇獎寶寶。

📍 對寶寶的益處

寶寶和媽媽在玩這個遊戲的時候，除了小狗迷路的這個故事能讓寶寶產生同情心，有利於寶寶樂於助人的品格養成外，還很好地鍛鍊了寶寶的觀察力及邏輯思維能力。

注意事項

媽媽在畫迷宮的時候，不要太過於複雜，有一兩條分岔路即可。另外，所畫的迷宮線路要容易看清。難度太大，寶寶總是找不到正確的路，會失去耐心，並對這一類型的遊戲產生抗拒。

給樹葉塗色

手部精細活動能力及季節變化認知的訓練

遊戲道具	A4 紙若干張，顏色筆若干枝	遊戲時間	白天	遊戲場地	室內

遊戲步驟

1. 將A4紙放在茶几或矮桌上。

2. 先在紙上畫出樹以及樹葉的形狀，引導寶寶，對寶寶說：「這是大樹，在春天樹葉是甚麼顏色啊？」讓寶寶從顏色筆中選取相應的顏色，並進行塗色。

3. 寶寶塗完色彩之後，接着畫出類似的樹與樹葉的圖形，對寶寶說：「秋天到了，樹葉又變成了甚麼顏色啊？」再次讓寶寶在彩色筆中找到相應的顏色，進行塗色。

對寶寶的益處

此遊戲可以鍛鍊寶寶手部的精細活動能力，讓寶寶能夠更好地控制手部的動作。另外，在媽媽不斷的引導中，寶寶會對自然界的四季變化有一個較好的認知。

注意事項

在塗色的過程中，寶寶很容易將顏色塗在樹葉輪廓的外面。此時，媽媽應當在一旁予以提醒，讓寶寶在塗色的過程中儘量將顏色塗到相應的輪廓內。

● 在塗色的過程中，要注意寶寶的動作，防止筆尖戳到寶寶，或者是寶寶咬筆。

這樣玩，孩子智商高　情商高

快樂的認字遊戲

遊戲 道具	舊報紙，剪刀	遊戲 時間	白天	遊戲 場地	室內

遊戲步驟

1 從舊報紙中將寶寶所認知的一些字剪下來，剪成小方塊。

2 將剪下來的字一個個地拿給寶寶辨認，寶寶說對後，將字給寶寶。

對寶寶的益處

2~3歲的寶寶有了一定的認知能力，會有意識地去記憶一些中文字。在日常生活中潛移默化地教會寶寶認識一些中文字後，做像這樣的識字遊戲，不僅僅能強化寶寶的記憶，還能增強寶寶的識字興趣，為今後的學習奠定良好的基礎。

注意
事項

在遊戲之前，媽媽要有意識地讓寶寶認識一些簡單的中文字，例如牽着寶寶的手，走在路上看到有標識牌，上面有一些簡單的字，可以問：「寶寶，這是甚麼字？」當寶寶不認識的時候，告訴他，下次再看到相同的字後問寶寶，日積月累，寶寶在不知不覺中便會認識不少的中文字。

媽媽與 2 ~ 3 歲寶寶一起玩的遊戲

水的轉移

手肌肉的靈活性的訓練，自信心和專注力的培養

遊戲道具	兩個相同的碗，一杯水，一塊海綿	遊戲時間	在寶寶精神狀態較好的時候	遊戲場地	室內，小桌上

 遊戲步驟

1 將兩個碗並排放在小桌上。寶寶站在桌子旁邊，面對着碗。

2 媽媽將水杯中的水倒入其中一個碗中，注意不要倒得太滿。

3 讓寶寶右手拿起海綿放到裝水的碗裏，等待海綿吸水。同時可以引導寶寶說「吸水」。

4 用兩隻手握住海綿，拉出水面，稍作停頓，將水瀝乾。

5 將海綿移動到空碗上空，雙手擠壓海綿，將水擠到空碗裏。同時可以引導寶寶說「擰」或「擠」。

對寶寶的益處

這個遊戲有利於寶寶增強手眼協調能力，提高動作控制能力，鍛鍊生活自理能力，加強手部肌肉力量。同時，讓寶寶通過自己操作，了解更多水的存在形式、轉移方法等，對寶寶的獨立性、專注力、自信心和邏輯思維能力的培養也有益處。

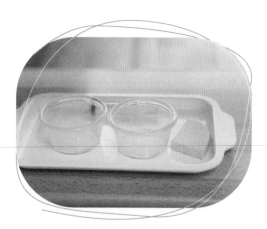

 注意事項

擠壓吸足水的海綿的力度應由小到大。若有水滴在小桌上，應引導幼兒用海綿把水吸乾。

這樣玩，孩子智商高 情商高

切雞蛋分享

手眼協調性、生活自理能力的訓練，並懂得分享

遊戲道具	帶殼熟雞蛋1隻，2個小盤，切雞蛋器1個，托盤1個，食物夾子1個	遊戲時間	白天	遊戲場地	室內，小桌上

 遊戲步驟

示範影片

1 先把雞蛋放入一個盤子中，然後把所有的道具擺放在托盤上。讓寶寶站在桌子面前。

2 引導寶寶拿起雞蛋輕輕敲開、剝殼，剝掉的蛋殼放在剛剛裝雞蛋的盤子裏。

3 剝好後，引導寶寶將雞蛋放在切雞蛋器上，再將鋼絲線刀壓下。

4 讓寶寶用食物夾子將雞蛋片夾到空盤子中，再夾給爸爸、媽媽食用。

對寶寶的益處

該遊戲可以鍛鍊寶寶對小手力度的控制能力、手眼協調性、肌肉運動的調整，有助於寶寶獨立性、生活自理能力的培養，並讓寶寶體會分享的快樂，有助於提高寶寶的情商。

注意事項

家長一定要先做一遍正確的示範動作，示範過程中把注意事項和孩子一一交代。

● 要注意孩子使用切雞蛋器時的安全。

媽媽與2～3歲寶寶一起玩的遊戲

用夾子夾湯圓

平衡感、專注力、
獨立性的培養

遊戲道具	紙巾5~6片，空碗2個，食物夾子1隻，托盤1個	遊戲時間	白天	遊戲場地	室內，墊子上

🌀 遊戲步驟

1　媽媽將道具放在托盤中，其中兩個空碗並排放置，引導寶寶過來坐下。

2　讓寶寶將紙巾揉成「湯圓」，放入一個碗中。

3　引導寶寶用夾子把「湯圓」夾到另一個碗中。

⬭ 對寶寶的益處

　　讓寶寶用夾子夾東西，可以較好地鍛鍊寶寶的平衡感和專心致志地工作。一方面鍛鍊寶寶小手肌肉動作的靈活性，另一方面可以培養寶寶的專注力、獨立性。

注意
事項

- 將紙巾揉成「湯圓」時，寶寶的小手力量不夠，媽媽可以幫助寶寶揉得緊實一些。
- 寶寶夾「湯圓」的過程中，可能會散漫不集中，媽媽要在旁邊鼓勵和督促他：「寶寶加油，你要完成你的工作哦！」

這樣玩，孩子智商高　情商高

匙羹接泡泡

遊戲道具	泡泡水 1 瓶，塑膠匙羹 1 隻	遊戲時間	白天	遊戲場地	室外，空場地或草坪

🌀 遊戲步驟

1. 媽媽吹泡泡，一下接一下地吹。

2. 引導寶寶用匙羹去接飛舞的泡泡。還可以引導寶寶用手抓、用手指點戳、兩指捏、兩手拍、小腳踢泡泡等。

注意事項

- 遊戲前，務必將場地清理乾淨，避免場地中有小石塊等殘留。
- 可以準備一塊毛巾，如果泡泡落到寶寶臉上，隨時給他擦拭。

👁 對寶寶的益處

雨點般飄舞的泡泡會讓寶寶非常着迷。寶寶追泡泡、接泡泡，可以促進寶寶手眼協調能力及四肢協調能力的發展，刺激他的感官，培養他的身體協調性。追趕泡泡，可以鍛鍊寶寶的大運動能力。遊戲時家長和寶寶的互動也會促進寶寶語言的發展。

媽媽與 2~3 歲寶寶一起玩的遊戲

沙中找寶

好奇心和
探索慾望的啓發

遊戲道具	玩具沙1盒，小玩具若干，小篩子一個	遊戲時間	白天	遊戲場地	室內，桌子上

遊戲步驟

1. 媽媽將玩具埋進沙子裏，對寶寶說：「我們的玩具被埋在沙子裏了，不見了，快把它找出來吧！」

2. 媽媽先做示範，拿起篩子向沙子裏做撈的動作，然後引導寶寶在沙子中撈出玩具。

3. 寶寶撈出一個玩具後，媽媽給予誇獎，並說：「看看沙子裏面還有嗎？」引導寶寶繼續撈玩具。

對寶寶的益處

此遊戲有利於啓發寶寶的好奇心和探索慾望，鍛鍊寶寶手腕靈活度。同時讓寶寶在遊戲中獲得成就感和自信心。

注意事項

當寶寶撈起一個玩具時，媽媽要提醒寶寶將篩子中的沙子控乾淨之後，再將玩具放在桌子上，以免沙子被揚得到處都是。

示範影片

鑰匙開鎖

遊戲道具	大小不一的鑰匙和鎖頭	遊戲時間	白天	遊戲場地	室內，墊子上

遊戲步驟

1. 拿出大小不同的鎖頭，讓寶寶觀察大小。

2. 拿出鑰匙，家長示範，把小鑰匙放大鎖裏打不開，「鎖頭太大了，鑰匙太小了，打不開」，再試對應的鎖頭，通過轉動打開鎖。

3. 讓寶寶自己操作，媽媽可以語言跟進。

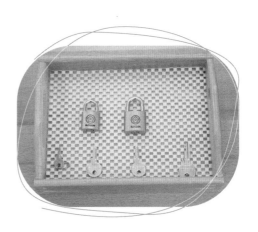

對寶寶的益處

通過鍛鍊寶寶對鎖頭大小的認知和大小對應的認知，提高寶寶的觀察能力；鑰匙的插入和轉動等動作，鍛鍊寶寶手腕靈活性和小手控制能力，同時提高寶寶邏輯思維能力。

注意事項

家長要注意耐心地鼓勵和示範，這樣才能有效地讓寶寶充滿信心和耐心地完成。

媽媽與 2~3 歲寶寶一起玩的遊戲

這樣玩，孩子智商高情商高

作者
程玉秋

責任編輯
陳芷欣

美術設計
吳廣德

排版
辛紅梅

出版者
萬里機構出版有限公司
香港北角英皇道499號北角工業大廈20樓
電話：2564 7511
傳真：2565 5539
電郵：info@wanlibk.com
網址：http：//www.wanlibk.com
　　　 http：//www.facebook.com/wanlibk

發行者
香港聯合書刊物流有限公司
香港新界大埔汀麗路36號
中華商務印刷大廈3字樓
電話：（852）2150 2100
傳真：（852）2407 3062
電郵：info@suplogistics.com.hk

承印者
中華商務彩色印刷有限公司
香港新界大埔汀麗路36號

出版日期
二零二零年三月第一次印刷

版權所有 · 不准翻印
All rights reserved.
Copyright© 2020 Wan Li Book Company Limited
Published in Hong Kong
Printed in China
ISBN 978-962-14-7201-4

原書名：這樣玩，孩子智商高 情商高
作者：程玉秋
Copyright @ China Textile & Apparel Press
本書由中國紡織出版社有限公司授權出版、發行中文繁體字版版權。